W0052674

ANJA MÖLLER, ASTRID BRAUN

Labrador
— Retriever

Praxiswissen Hund

AUSWAHL, HALTUNG,
ERZIEHUNG, BESCHÄFTIGUNG

MIT KOSMOS MEHR ENTDECKEN

Kosmos
Experten
— wissen

SEIT 1822

KOSMOS

☞ *Inhalt*

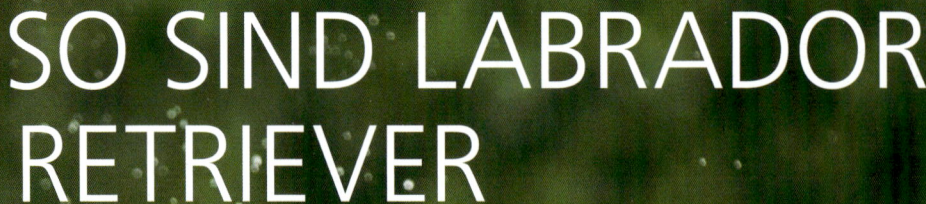

SO SIND LABRADOR RETRIEVER

— Geschichte und Wesen

ENTSTEHUNGSGESCHICHTE

Der Labrador Retriever ist eine vergleichsweise junge Rasse. Ihre Wurzeln liegen entgegen ihres Namens nicht auf der Halbinsel „Labrador", sondern an der Küste Neufundlands.

Die im Einflussbereich des Golfstroms liegende nordamerikanische Insel lockte aufgrund ihres Fischreichtums bereits Ende des 15. Jahrhunderts zahlreiche europäische Seefahrernationen an. Überwältigt vom Fischreichtum der Gewässer errichteten die Engländer innerhalb weniger Jahre eine umfangreiche Fischindustrie. Während nachfolgende Nationen wie Portugal und Frankreich die Tiefseefischerei auf den äußeren Fischbänken bevorzugten, konzentrierten sich die Engländer von Anfang an auf die küstennahen Fanggebiete. Um ihre Fänge an den Stränden zu trocknen und transportfertig machen zu können, wurden bereits 1498 erste Wintermannschaften auf Neufundland stationiert, die für die Errichtung und Wartung von Trockenanlagen und Wirtschaftsgebäuden zuständig waren. Sie bestanden überwiegend aus Handwerkern und führten ein hartes, entbehrungsreiches Leben.

EUROPÄISCHE WURZELN

Zur Verbesserung ihrer Versorgungslage wurden bereits sehr früh verschiedene Jagdhunderassen eingeführt. Dabei scheinen sowohl der französische „Saint Hubert's Hound", ein in der Regel schwarzer, mittelgroßer und kräftig gebauter Hund mit außergewöhnlich guter Nase, als auch verschiedene europäische Wasserhunde eine wichtige Rolle gespielt zu haben. Gerade die robusten,

witterungsunempfindlichen und apportierfreudigen Wasserhunde erwiesen sich in der seen- und fjordreichen Landschaft als wertvolle Helfer, die nicht nur bei der Jagd, sondern auch bei der Arbeit auf den Fischerbooten Verwendung fanden.

Da allen historischen Quellen zufolge zuvor keine Hunde auf Neufundland existierten, steht heute außer Zweifel, dass sich nach Ankunft der Fischer dort Hundeschläge entwickelten, deren Urahnen aus Europa stammten. Ihre Zucht war ausschließlich auf Funktionalität ausgerichtet. Sie orientierte sich sowohl an körperlichen und charakterlichen Merkmalen als auch an speziellen Fähigkeiten, die den Fischern und Siedlern im täglichen Überlebenskampf von besonderem Nutzen sein konnten.

Die ausgeprägte Wasserfreude des Labradors hat ihre Wurzeln in seiner Entstehungsgeschichte.

DER „ST. JOHN'S WATER DOG"

Auf diese Weise entwickelten sich beinahe zeitgleich zwei bekannte Rassen auf Neufundland. Colonel P. Hawker beschrieb beide Typen detailliert in seinem 1814 erschienenen Buch „Instructions to Young Sportsmen". Es handelte sich dabei um eine große, kräftigere Varietät mit langem, rauem Haar und hoch getragener Rute und um einen kleineren, leichter gebauten, glatthaarigen Typ. Nachdem beide Typen zunächst als „Newfoundland Dogs" bekannt geworden waren, bezeichnete Colonel Hawker den kleineren Typ erstmals als „St. John's Water Dog". Er zeigte sich tief beeindruckt von den Fähigkeiten dieser Hunde, die heute als direkte Vorfahren des Labrador Retrievers gelten. Er beschrieb sie als häufiger schwarz als von anderer Farbe, kaum größer als ein Pointer, eher lang in Kopf und Fang, tief in der Brust und sehr fein in den Beinen. Ihr Haarkleid sei kurz oder glatt und die Rute nicht so gebogen wie die des größeren Typs. Die „St. John's Water Dogs" waren seiner Meinung nach für alle Jagdarten bestens geeignet: mutig, aktiv und schnell, kräftige Schwimmer und mit einem phänomenalen Geruchssinn gesegnet. Weiterhin berichtete er, dass der „St. John's Water Dog" auch bei den Küstenfischern eingesetzt wurde, weil er nicht nur vom Haken gefallene Fische tauchend verfolgen und fangen konnte, sondern auch abgetriebenes Fanggerät zum Boot zurückbrachte. Äußerlich schienen die St.-John's-Hunde rein von ihrer Funktion geprägt. Trotz ihrer kräftigen Statur waren sie nicht allzu groß, da die kleinen, flachen Zwei-Mann-Boote nur wenig Platz boten. Von entscheidender Bedeutung war auch ihre Fellqualität. Das nicht zu lange Fell war dicht, isolierend und von möglichst wasserabweisender, öliger Beschaffenheit, damit sie bei ihrer Rückkehr ins Boot nicht zu viel Wasser mitbrachten und sich kein Eis darin festsetzen konnte.

Und doch waren es vor allem ihre jagdlichen Qualitäten, die sie über den Handelsverkehr zwischen Neufundland und Poole bzw. dem schottischen Greenock auf die Britischen Inseln gelangen ließen. In den Jagdtagebüchern des 2. Earls of Malmesbury fand sich bereits 1809 eine Eintragung über eine Jagdbegebenheit mit einem seiner „Newfoundland Dogs". Da die Jagd im England des 19. Jh. immer noch der adeligen Oberschicht vorbehalten war, befand sich das Gros der importierten Hunde lange Zeit in den Händen der Aristokratie. Als die Flugwildjagd mit der Entwicklung des Hinterladers immer populärer wurde, gewannen Apportierhunde, sogenannte „Retriever", immer mehr an Bedeutung.

BEDEUTENDE RASSE-PIONIERE

Über drei Jahrhunderte galt die Hafenstadt Poole als eines der reichsten Handelszentren Englands mit direkter Verbindung nach Neufundland. Als sich dies aus verschiedenen politischen Gründen zu ändern begann, ebbte der Handel und damit auch der Import von St.-John's-Hunden immer mehr ab und versiegte mit Einführung des englischen Quarantäne-Gesetzes 1895 schließlich völlig. Da es zu diesem Zeitpunkt noch keine solide Zuchtbasis gab, war es vor allem den umsichtigen Zuchtbemühungen einiger weniger Förderer in den frühesten Tagen der Zucht-

---

RETRIEVER

Die Bezeichnung „Retriever" leitet sich vom englischen Tätigkeitswort „to retrieve" ab und bedeutet „auffinden, zurückbringen". Deshalb wurde zunächst jeder Hund, der in der Lage war, geschossenes Wild zu finden und zu apportieren, rasseunabhängig als „Retriever" bezeichnet.

geschichte zu verdanken, dass die Blutlinien der St.-John's-Hunde nicht verloren gingen. Allen voran sind dabei die „Malmesbury"- und „Buccleuch"-Zwinger zu nennen, die maßgeblich an der Etablierung des Labradors auf englischem Boden beteiligt waren.

DER 2. EARL OF MALMESBURY

Auf seinem nur wenige Meilen von Poole entfernten Familiensitz „Heron Court" gründete der 2. Earl of Malmesbury (1778–1841) den ersten englischen Labrador-Zwinger. Durch zahlreiche Importe hatte er einen relativ guten Zuchtbestand und bemühte sich um eine möglichst reine Weiterzucht. Als leidenschaftlichem Jäger stand für ihn von Anfang an die Gebrauchstüchtigkeit der Rasse im Vordergrund. Seine Hunde wurden folgendermaßen beschrieben: „Klein, kompakt und sehr aktiv; ihr Fell war kurz, dicht und glatt mit einer Schattierung Braun in gewissen Jahreszeiten. Die Augen der meisten ähnelten farblich gebranntem Zucker. Ihre Köpfe, die nicht groß waren, waren breit, der Schädel gut geformt und nicht zu lang im Fang. Ihre fröhliche Ausstrahlung bezeugte ihren freundlichen Charakter und großen Mut." Der „Malmesbury"-Zwinger bestand beinahe 100 Jahre lang fort und hatte nicht zuletzt durch zwei berühmte Deckrüden, „Malmesbury Sweep" (*1877) und „Malmesbury Tramp" (*1878), immensen Einfluss auf die Zucht.

Der Sprung vom Boot ins Wasser erfordert Mut, Nervenstärke ...

... und Vertrauen beim Wiedereinstieg Hilfe zu bekommen.

*„FTCh. Flapper" (*1902), der in direkter Linie aus den Malmesbury-Linien stammte.*

„Buccleuch Cabot", benannt nach dem Entdecker Neufundlands John Cabot, wurde als einer der letzten St.-John's-Hunde 1932 nach England importiert.

DER 5. DUKE OF BUCCLEUCH

Unabhängig von den Importen des Earls of Malmesbury brachte der 5. Duke of Buccleuch zusammen mit seinem Bruder Lord John Scott, Sir Richard Graham und dem 10. Earl of Home den Labrador nach Schottland und begründete dort die „Buccleuch"-Zuchtlinie. Mithilfe einiger Zuchttiere des 3. Earls of Malmesbury gelang es dem 6. Duke of Buccleuch und dessen Sohn, die alten Linien bis ins 20. Jahrhundert fortzuführen. Besonders bekannt wurden die Rüden „Buccleuch Ned" (*1882) und „Buccleuch Avon" (*1885), auf die heute nahezu jeder Labrador in England zurückgeht.

Leider brachte sowohl der Erste Weltkrieg als auch eine schwere Staupe-Epidemie 1948 einen drastischen Rückgang des erfolgreichen Zwingers mit sich, sodass „fremdes" Blut eingebracht werden musste. Dabei spielte vor allem ein Rüde namens „Vaulter", der alle Merkmale der ursprünglichen Linie verkörperte, eine große Rolle. Viele der heutigen „Buccleuch"-Labradors gehen auf ihn zurück. 2004 engagierte der 10. Duke of Buccleuch und 12. Duke of Queensberry (*1954) einen professionellen Hundetrainer, mit dessen Hilfe er ein Zuchtprogramm erstellte, das den Fortbestand des „Buccleuch"-Zwingers auch in Zukunft sichern soll.

THE HON. ARTHUR HOLLAND-HIBBERT

Ein weiterer großer Förderer des Labradors, durch dessen Engagement die Rasse schließlich 1903 vom englischen Kennel Club anerkannt wurde, war The Hon. Arthur Holland-Hibbert, der spätere 3. Viscount Knutsford. Er war Gründungsmitglied des Englischen Labrador Retriever Clubs (LRC) und führte beinahe 20 Jahre lang dessen Vorsitz. Er setzte sich auf vielfache Weise für die Belange der Rasse ein und war maßgeblich an der Erstellung eines ersten offiziellen Rassestandards beteiligt. Von Beginn an hatte er sich dem

RASSEBEZEICHNUNG

Der Name „Labrador" tauchte erstmals 1887 in einem Brief des 3. Earls of Malmesbury auf, als er schrieb: „Wir nennen meine immer Labrador Hunde und ich habe die Rasse nach den ersten, die ich von Poole hatte, so rein wie möglich gehalten ..." Erst später wurde der Name „Labrador" allgemein gebräuchlich.

„Dual-Purpose"-Gedanken verschrieben und präsentierte seine Hunde sowohl bei Field Trials (Leistungsprüfungen im Feld) als auch im Ausstellungsring. Die Ahnentafeln seiner Zuchthunde gingen direkt auf die „Malmesbury"- und „Buccleuch"-Linien zurück. Seine Hündin „Munden Single" (*1899) nahm als erste ihrer Rasse an einem Field Trial teil. Lord Knutsford hob stets das zugängliche Wesen des Labradors und seinen besonderen Wert als „game finding dog" (Hund, der in der Lage ist, Wild zu finden) hervor.

Als sein einflussreicher „Munden"-Zwinger im Ersten Weltkrieg beinahe unterging, gelang es ihm, über die Nachkriegsjahre hinweg nochmals eine starke Blutlinie aufzubauen. Wie viele andere Zwinger dieser Zeit, musste auch er immer wieder verheerende Staupe-Ausbrüche hinnehmen. Doch mit Unterstützung des Herausgebers des Magazins „The Field" gelang es ihm, einen Hilfsfond zu gründen, mit dessen Hilfe 1929 ein Impfstoff entwickelt werden konnte.

LORNA COUNTESS HOWE

Auch Lorna Countess Howe gehörte zu den Gründungsmitgliedern des Englischen Labrador Retriever Clubs (LRC), in dem sie sich Zeit ihres Lebens engagierte. Sie besaß einige der einflussreichsten Labradors in der Geschichte der Rasse, wie die Dual-Champions „Banchory Bolo", „Banchory Painter", „Banchory Sunspeck" und „Bramshaw Bob". Wie schon Lord Knutsford, war auch sie eine überzeugte Verfechterin des „Dual-Purpose"-Gedankens. Die Tatsache, dass immerhin vier der zehn englischen Dual-Champions in ihrem Besitz standen, unterstrich dabei den Erfolg ihrer Bestrebungen.

DUAL-PURPOSE

„Dual-Purpose" heißt übersetzt so viel wie „für den zweifachen Zweck". Gemeint waren damit Hunde, die sowohl an einem Field Trial (Leistungsprüfung im Feld) als auch im Ausstellungsring brillieren konnten.

Lady Howes Rüde „Dual Champion Bramshaw Bob".

DIE BESONDEREN JAGDLICHEN FÄHIGKEITEN

Als Spezialist für die Arbeit nach dem Schuss findet der Labrador seinen Einsatz bei Treibjagden auf Niederwild. Die Qualität seiner Arbeit wird seit über 100 Jahren an den folgenden Merkmalen gemessen.

STANDRUHE

Für die Arbeit nach dem Schuss ist die Standruhe (engl. steadiness) von besonderer Bedeutung, denn sie ermöglicht dem Schützen bzw. Hundeführer, sich auf das Jagdgeschehen zu konzentrieren und erfolgreich zu jagen bzw. nachzusuchen. Die Steadiness umfasst nicht nur das ruhige, konzentrierte Verharren des Hundes neben seinem Führer, sondern auch eine allgemeine Nervenfestigkeit, die jegliche Ungeduld während des Wartens ausschließt.

APPORTIEREN UND WEICHMÄULIGKEIT

Das Apportieren setzt sich aus mehreren Teilschritten zusammen: Der Hund soll mit Initiative und Tempo zum sogenannten Stück (geschossenes Wild) laufen, jegliche Art von Wild schnell und korrekt aufnehmen, im selben Tempo auf direktem Wege zurückkehren und das Stück mit erhobenem Kopf ruhig in die Hand des Hundeführers abgeben.

Die Weichmäuligkeit des Labradors ist ausdrücklich im Rassestandard beschrieben. Sie äußert sich darin, dass er jegliches Apportiergut – angefangen bei den verschiedensten Wildarten bis hin zum buchstäblich rohen Ei – locker im Fang trägt und unversehrt bringt.

MARKIERFÄHIGKEIT

Die Markierfähigkeit (engl. marking) ist eine angeborene Anlage. Ein gut veranlagter Labrador kann die Flugbahn eines Vogels oder meh-

Die typische Arbeit eines Labradors anlässlich einer schottischen Niederwildjagd.

rerer beschossener Vögel verfolgen und sich deren Fallstellen auch über einen längeren Zeitraum merken. Auf ein einfaches Kommando hin arbeitet er sie schnell, auf direktem Weg ab und apportiert die Stücke in der gewünschten Reihenfolge. Diese Arbeitsmethode ist bei sichtig gefallenen Stücken äußerst effektiv, da eine zeitaufwändige, weiträumige und zugleich geländebeunruhigende Suche entfällt.

LEICHFÜHRIGKEIT UND „WILL TO PLEASE"

Die Leichtführigkeit des Labradors beruht auf seinem angeborenen Willen zu gefallen (engl. will to please). Er arbeitet gerne mit seinem Hundeführer zusammen, ist bemüht, Kontakt zu halten und lässt sich auch auf große Distanzen gut lenken.

EINWEISEN

Leichtführigkeit und „will to please" bilden die Grundlage für eine weitere Spezial-Disziplin der Retriever: Das Einweisen (engl. directions). Es kommt immer dann zum Einsatz, wenn es sich um ein für den Hund nicht sichtig gefallenes Stück handelt. Mithilfe von Hand- und Hörzeichen wird er auf möglichst direktem Weg in den Bereich des Stückes geschickt und dort zur selbstständigen, kleinräumigen Suche aufgefordert. Die Hohe

Schule des Einweisens besteht darin, die Balance zwischen der erwünschten Lenkbarkeit und der im Suchen-Bereich erforderlichen Selbstständigkeit zu wahren.

NATÜRLICHE FÄHIGKEIT, WILD ZU FINDEN

Die natürliche Fähigkeit Wild zu finden (engl. natural game finding ability) ist angeboren und verfeinert sich mit zunehmender Jagderfahrung. Dabei spielt nicht nur die Nasenqualität, sondern auch der „Jagdverstand" eine Rolle, der dem Hund ermöglicht, das natürliche Verhalten eines verwundeten Stück Wildes nachzuvollziehen. Auch die vorzügliche Nase des Labradors ist im Standard als rassetypisches Merkmal niedergelegt. Sein Riechepithel umfasst eine Oberfläche von $200\ cm^2$. Mit rund 225 Mio. Riechzellen gehört er damit zur Spitzengruppe der Rassen mit dem höchsten Riechvermögen.

WASSERFREUDE

Die Wasserfreude des Labradors ist Ausdruck seiner Entstehungsgeschichte. Deshalb ist sie auch als Charakteristikum im Rassestandard erwähnt. Sowohl seine Anatomie als auch seine Fellqualität sind darauf ausgerichtet, ihn zu einem kraftvollen, ausdauernden Schwimmer zu machen.

„Labradors können alles, was irgendein anderer Retriever auch kann – nur eben ein bisschen besser."

The Hon. Arthur Holland-Hibbert

Die Teilnehmer einer „open stake" folgen der roten Flagge, bis sie von den Richtern aufgerufen werden.

DIE JAGDLICHE ARBEIT IN ENGLAND

In England werden die jagdlichen Fähigkeiten der Retriever seit beinahe 120 Jahren auf sogenannten Field Trials (Jagdprüfungen im Feld) überprüft. Field Trials werden im Rahmen von Treib- und Streifjagden auf frei lebendes Feder- und Haarnutzwild abgehalten. Gestartet wird in verschiedenen Klassen (engl. stakes). Beim sogenannten Standtreiben (engl. drive) verbleiben die Hundeführer mit ihren Hunden an einem Ort und werden nach Anweisung der Richter so platziert, dass sie das Jagdgeschehen verfolgen und beschossenes Wild markieren können. Die Richter entscheiden, wann ein Hund zum Apportieren geschickt wird, was in der Regel nach Beendigung des Treibens geschieht. Sollte ein Stück jedoch nur angeschossen und verwundet worden sein, wird der Hund aus Gründen der Waidgerechtigkeit auch während des Trei-

bens unverzüglich zum Apportieren geschickt. Bei sogenannten Streifjagden (engl. walk up) gehen die aufgerufenen Hundeführer mit ihren Hunden frei bei Fuß in einer Linie mit den Richtern, Schützen und Treibern. Die Linie bewegt sich so lange vorwärts, bis Wild aufsteht und beschossen wird. Scheitert der vom Richter freigegebene Hund, bekommt der folgende Teilnehmer die Möglichkeit, ihn zu „überflügeln" (engl. eye wipe).

BEURTEILUNGSKRITERIEN VON FIELD TRIALS

Da es sich bei Field Trials immer um reale Jagden handelt, gleicht kein Apport dem anderen, was sowohl einen erfahrenen Hundeführer als auch einen sehr gut ausgebildeten Hund voraussetzt. Neben der Markierfähigkeit bilden vor allem die natürliche Fähigkeit Wild zu finden, die Nase, der Arbeitsstil, die Lenkbarkeit und die Arbeitsfreude, das schnelle Aufnehmen und das direkte Zurückkommen sowie das saubere Abgeben die Grundlagen für die Beurteilung der Arbeit. Zugleich gibt es auch eine Reihe von Fehlern, die zum sofortigen Ausscheiden aus der Prüfung führen, wie z. B. Hartmäuligkeit, Winseln oder Bellen, Einspringen und Hetzen, außer Kontrolle geraten, die Verweigerung Wasser anzunehmen, das Tauschen oder Nichtapportieren.

FIELD-TRIAL-LABRADORS

Labradors, deren Ahnen ihre Arbeitsanlagen durch Erfolge auf Field Trials unter Beweis gestellt haben und über Generationen auf diese Qualitäten hin selektiert wurden, werden meist „Field-Trial-Labradors" genannt.

DER RASSESTANDARD

Da Großbritannien als Ursprungsland des modernen Labradors gilt, wurde der 2010 revidierte Standard des englischen Kennel Clubs von der FCI, der weltweiten Dachorganisation der Rassezuchtvereine, übernommen. Innerhalb der FCI gehört der Labrador Retriever zur Gruppe der Apportier-, Stöber- und Wasserhunde.

ENTWICKLUNG DES STANDARDS

Während zunächst jeder Retriever mit Zustimmung des Kennel Clubs derjenigen Rasse zugeordnet wurde, der er am meisten ähnelte, wurde mit Gründung des Labrador Retriever Clubs (LRC) 1916 erstmals ein offizieller Rassestandard (a standard of points) erstellt. Er umfasste nicht nur eine Beschreibung des Erscheinungsbildes, sondern auch der gewünschten Arbeitsqualitäten. 1950 wurden bei einer ersten Überarbeitung einige Rassemerkmale durch detailliertere Formulierungen ergänzt, während andere, wie z. B. eine stärkere Ausprägung des Stopps, eine konkrete Veränderung erfuhren. Neu aufgenommen wurden das korrekte Scherengebiss, die wetterbeständige Unterwolle sowie die Widerristhöhen für Rüden und Hündinnen. Erstmals wurden auch die drei Farbschläge erwähnt und eine Liste möglicher Fehler angefügt.

Nach einigen geringfügigen Änderungen 1982 und 1986/87 erfuhr der Standard erstmals 2010 wieder eine bemerkenswerte Überarbeitung. Anlass dazu gab die Tatsache, dass auf Ausstellungen immer schwerere, massivere Hunde prämiert wurden. Dies veranlasste die Standard-Kommission dazu klarzustellen, dass es sich beim Labrador zwar um eine kräftig gebaute, aber auch sehr rege Rasse handelt, womit übermäßiges Gewicht oder übermäßige Substanz unvereinbar sind.

ERSCHEINUNGSBILD

Das Erscheinungsbild des Labradors ist geprägt von seiner ursprünglichen Aufgabe. Seine Anatomie ermöglicht ihm, auch unter schwierigsten Bedingungen ausdauernd und energiesparend zu arbeiten. Zum Apportieren benötigt er nicht nur einen kräftigen Fang und stark bemuskelten Hals, sondern auch eine kräftige, gut gewinkelte Vorhand. Seine ebenfalls kräftig gebaute und gut gewinkelte Hinterhand mit den tief gestellten Sprunggelenken gewährleistet einen kraftvollen Vorwärtsschub und macht ihn, unterstützt von den starken Pfoten, zu einem schnellen, ausdauernden Schwimmer.

*„Ch. Banchory Danilo" (*1923), der 33 Ausstellungen gewann.*

Alle drei Farbschläge aus Standardlinien.

Neben dem kräftigen Körperbau, der kurzen Lendenpartie, dem breiten Oberkopf und der tief gewölbten Brust sind es vor allem zwei Besonderheiten, die den Labrador unverwechselbar machen: die als Ruder dienende dicke Otterrute und das wetterfeste isolierende Haarkleid.

Die typische Otterrute des Labradors ist an der Basis dick und verjüngt sich zur Spitze hin. Sie sollte maximal bis zum Sprunggelenk reichen und in Fortsetzung der Wirbelsäule gerade getragen werden. Sein Haarkleid wird im Standard als kurz, dicht, nicht wellig und ohne Befederung beschrieben. Das viel zitierte „Doppelfell" (engl. double coat) besteht aus kurzem, härterem Deckhaar und dichter, wetterfester Unterwolle. Durch spezielle Talgdrüsen wird das Fell fortlaufend „imprägniert" und fühlt sich daher leicht ölig an.

WESEN

Auch das Wesen des Labradors steht im Zusammenhang mit seinem ursprünglichen Verwendungszweck. So waren es neben seiner vorzüglichen Nase, seiner Apportier- und Wasserfreude vor allem seine große Anpassungsfähigkeit, sein stabiles Nervenkostüm und sein freundliches Naturell, die ihn für die Fischer Neufundlands so wertvoll machte. Rassetypische Wesensmerkmale wurden erstmals 1986/87 mit in den Standard aufgenommen. Typische Charaktereigenschaften finden Sie auf Seite 20 beschrieben.

ANERKANNTE FARBSCHLÄGE

Der Rassestandard erkennt drei Farben an: einfarbig schwarz, gelb oder leber-/schokoladenbraun (engl. chocolate), wobei das Gelb von hellcreme bis hin zu fuchsrot reichen kann, und ein kleiner weißer Brustfleck statthaft ist.

Obwohl die Farbe Schwarz lange Zeit vorherrschend war, fand sich bereits in Colonel P. Hawkers „Instructions to Young Sportsmen" (1814) ein ausdrücklicher Hinweis darauf, dass noch andere Farben vorkamen. Allgemein wird heute davon ausgegangen, dass sowohl das gelbe als auch das braune Farb-Gen mit den Hunden aus Neufundland eingeführt wurde.

SCHWARZ

Da sich das schwarze Farb-Gen dominant zu Gelb und Braun verhält, ist es die häufigste

*Kräftiger Körperbau, kurze Lende, tiefgewölbte Brust –
so sieht ein typischer Rüde aus Standardlinien aus.*

*Drei Farbschläge – zwei unterschiedliche Zuchtlinien.
Die gelbe Hündin stammt aus Field-Trial-Linien, die
anderen Hündinnen aus Standardlinien.*

Fellfarbe beim Labrador. Allerdings bedeutet
Schwarz nicht immer Tiefschwarz! Je nach
Zuchtlinie und genetischer Disposition kann
die Unterwolle der Schwarzen auch einen
Stich ins Graue oder Rötlichbraune haben,
was dem Fell ein eher matt-schwarzes Aussehen verleiht. Gerade bei Welpen mit etwas
stumpferem und sehr plüschigem Fell ist von
einer sehr guten Unterwollanlage auszuge-
hen. Lackschwarz wirkende Hunde haben
hingegen häufig zu wenig Unterwolle.
Augenlider, Lefzen und Nasenschwamm der
Schwarzen sind immer schwarz pigmentiert.

GELB

Meist ist die Färbung der gelben Labradors
nicht ganz einheitlich. An Kopf, Schultern
und Hals finden sich häufig hellere, an den
Behängen, über dem Rücken und an den
Sprunggelenken dunklere Farbpartien. Gelbe
besitzen oft eine sehr üppige und im Vergleich
zum Deckhaar hellere Unterwolle. Die Pig-
mentierung der Lidränder, Lefzen und des
Nasenspiegels sollte möglichst dunkel sein.
Hellt sich der Nasenschwamm nur in der
Winterzeit auf, spricht man von einer Wech-
selnase. Sog. „Dudleys" besitzen aufgrund einer bestimmten Gen-Kombination kein
schwarzes, sondern braunes Pigment.

BRAUN/CHOCOLATE

Die Fellfarbe des braunen oder „chocolate"-
farbenen Labradors ist weitestgehend einheitlich, kann aber von einem hellen Milchkaffee-
Ton über ein sattes Rot- oder Mittelbraun bis
hin zum erwünschten Tiefbraun variieren.
Während des Haarwechsels, und bei manchen Hündinnen auch während der Läufigkeit, können sich einzelne Partien unregelmä-
ßig aufhellen. Die Unterwolle der Braunen ist
in der Regel ebenfalls braun, wobei es ähnlich
wie bei den Schwarzen auch hier leichte Farb-
unterschiede geben kann. Das Pigment der
Braunen ist durchgängig braun.

FARBABWEICHUNGEN UND FEHLER

Wie die Geschichte zeigt, waren an der Entwicklung des Labradors verschiedene Rassen beteiligt. Einkreuzungen fanden entweder zur Fixierung bestimmter Eigenschaften gezielt oder, wie gerade in den Anfangsjahren der Rasse, in Ermangelung ausreichender Zuchttiere statt. Manchmal wird das Erbe dieser Einkreuzungen auch heute noch in Form bestimmter Farbabweichungen sichtbar. Da sie meist durch autosomal-rezessive Erbgänge verursacht werden, treten sie nur auf, wenn zwei Merkmalsträger aufeinandertreffen. So kann eine entsprechende genetische Disposition unerkannt Generationen durchlaufen, bevor sie im Phänotyp (dem äußeren Erscheinungsbild) wieder sichtbar wird. Die häufigsten Farbabweichungen sind weiße Abzeichen, die auch für den „St. John's Water Dog" kennzeichnend waren, oder sogenannte „Bolo Pads" (weiße Flecken auf der Rückseite der Füße oberhalb der Ballen). Seltener finden sich hingegen „Black-and-Tan"- bzw. „Chocolate-and-Tan"-Färbungen oder eine partielle Stromung (engl. brindle).

In seltenen Fällen können auch einmal langhaarige Labrador-Welpen geboren werden. Da sich das Kurzhaar-Gen dominant über das Langhaar-Gen verhält, sind in diesem Fall ebenfalls beide Elterntiere Merkmalsträger.

„SILBERNE LABRADORS"

Amerikanische Züchter haben in den letzten Jahren einen Stamm „silberfarbiger" Labradors gezüchtet, deren Nachkommen auch immer häufiger in Europa zu finden sind. Sie zeigen die Fell-, Pigment- und Augenfarbe eines Weimaraners. Zum Leidwesen der Rasse-

Bei der seltenen „Black-and-Tan"- oder auch „Chocolate-and-Tan"-Färbung treten neben der schwarzen oder braunen Grundfarbe vorwiegend am Kopf, der Brust und den Läufen gelbe bzw. hellbraune Abzeichen auf.

zuchtvereine erfreuen sie sich wachsender Beliebtheit und werden meist zu überteuerten Preisen angeboten, da sie sich durch ihre „besondere" Färbung abheben. Die Frage, ob das für die Fellfarbe verantwortliche pigmentverdünnende Gen schon immer in der Labrador-Population vorhanden war und durch gezielte Selektion zum Vorschein gebracht oder erst durch Einkreuzung einer oder mehrerer anderer Rassen etabliert wurde, konnte bisher nicht zweifelsfrei geklärt werden. Sollte Letzteres der Fall sein, ist nicht auszuschließen, dass auf diese Weise auch andere „neue" Merkmale Eingang in die Rasse gefunden haben. Dies wäre vor allem dann kritisch zu sehen, wenn es sich dabei um Charakter- und Wesensmerkmale handeln würde, die dem Labrador fremd sind.

Da alle Farbschläge, die durch ein Verdünnungs-Gen hervorgerufen werden, wie „silber", „charcoal" oder „champagner", derzeit weder dem Rassestandard des englischen Kennel Clubs noch dem in Kontinentaleuropa gültigen FCI-Standard entsprechen, sind sie sowohl vom Ausstellungswesen als auch vom Zucht- und Prüfungsgeschehen der anerkannten Rassehundezuchtvereine ausgeschlossen.

„DUAL CHAMPION"

Dieser Titel wurde an Hunde verliehen, die sowohl einen Field-Trial-Champion-Titel (Jagdarbeitschampion) als auch einen Ausstellungschampion-Titel erringen konnten. Der letzte englische Labrador, der ihn erhielt, war der gelbe Rüde „Knaith Banjo" (*1946).

ENTWICKLUNG DER ZUCHTLINIEN

In den frühen Jahren der Rasse konnte ein Labrador sowohl an einem Field Trial als auch im Ausstellungsring brillieren. Aus dieser Zeit stammt auch der Begriff des „dual-purpose dog". Doch war dies auch damals schon nicht an der Tagesordnung, wie die Tatsache beweist, dass in den vergangenen 100 Jahren nur zehn Hunde den Titel eines „Dual Champions" erreichen konnten. Als die Popularität des Labradors immer weiter zunahm, deutete sich spätestens in den 1930er-Jahren eine Aufspaltung in Standard-/Show- und Field-Trial-Linien an. Damals setzte ein regelrechter Boom auf den Labrador als Ausstellungs- und Familienhund ein, der in der Folge auch einen veränderten Anspruch an die Zucht nach sich zog.

„Silberne Labradors" zeigen Farbe und Pigment eines Weimaraners. Sie entsprechen derzeit nicht dem FCI-Rassestandard und sind von den Aktivitäten der anerkannten Rassezuchtvereine ausgeschlossen.

„GB FTCh. Swinbrook Tan", „GB FTCh. Swinbrook Swift", „Swinbrook Beetle" und „Swinbrook Finch" (v.r.n.l.)

Während Züchter, die sich auf die Zucht von Labradors für den Jagdeinsatz konzentrierten, ihr Augenmerk vor allem auf Arbeitsqualitäten und -erfolge richteten, orientierten sich Züchter von Standardlinien zunehmend an dem auf Ausstellungen als ideal herausgestellten Rassetyp. Auf diese Weise drifteten die Linien stetig weiter auseinander, wobei die 1970er-Jahre gemeinhin als derjenige Zeitraum betrachtet werden, in dem die Aufspaltung so weit vorangeschritten war, dass die Hoffnung auf einen neuen englischen „Dual Champion" versiegte.

In den Ahnentafeln dieser Zeit muss man bei der überwiegenden Mehrheit der Standardlinien bereits acht bis zehn Generationen zurückgehen, um noch Hunde mit Jagdarbeitstiteln zu finden.

Es waren vor allem zwei berühmte Deckrüden, „Ch. Sandylands Mark" und „FTCh. Swinbrook Tan", die die weitere Entwicklung beider Linien in dieser Periode wesentlich beeinflussten.

GB CH. SANDYLANDS MARK (*1965)

Als einflussreichster Deckrüde in der Entwicklung des modernen Standard-Labradors gilt Gwen Broadleys „Ch. Sandylands Mark" (*1965). Unter seinen direkten Nachkommen fanden sich allein 29 englische Ausstellungschampions, was ihn in der Ausstellungswelt zu einer Legende werden ließ.

Während der schwarze Labrador in den späten 1960er-Jahren im Ausstellungsring immer mehr in den Schatten der zunehmend beliebter und erfolgreicher werdenden Gelben zu rücken drohte, gewann die Farbe durch ihn wieder an Interesse zurück.

Seine Dominanz als Deckrüde äußerte sich nicht nur in seinen überaus erfolgreichen Nachkommen, sondern auch darin, dass er in der Lage war, ihnen nahezu unabhängig von der Hündinnen-Linie seinen „Stempel" aufzudrücken. In „Sandylands" (2005) beschrieb Richard Edwards „Mark" als sehr substanzvollen Hund mit einem kräftigen, maskulinen

„Dual Champion Knaith Banjo" wurde von seiner Besitzerin nicht nur gezüchtet, sondern auch geführt. Er wurde 40-mal auf Field Trials platziert und gewann 14 Ausstellungen.

Der aus Field-Trial-Linien gezogene Rüde „Int. FTCh. Gunsight's Bracket" (*2003) erhielt während seiner Arbeitskarriere drei Jagdarbeitstitel sowie den Ausstellungstitel „Deutscher Veteranenchampion (DRC)" – ein „Dual-Purpose"?

Kopf, der sich dadurch von vielen anderen Ausstellungssiegern seiner Zeit unterschied. Mit der Weitergabe dieser Attribute an seine Söhne änderte sich auch das Bild des Labradors im Ausstellungsring.

GB FTCH. SWINBROOK TAN (*1971)

Duncan Mackinnons „FTCh. Swinbrook Tan" war ein auf Field Trials außerordentlich erfolgreicher Hund. Geführt von Philip White gewann er im Verlaufe seiner 6-jährigen „Trialling"-Karriere insgesamt 7 Open Trials und erhielt weitere 16 Platzierungen (engl. awards). Noch als 12 ½-jähriger Hund machte er sich bei der Nachsuche auf Niederwildjagden nützlich (engl. picking up). Auch seine Dominanz als Deckrüde war enorm. Unter seinen direkten Nachkommen fanden sich 15 englische Field Trial Champions, darunter die IGL Retriever Championship Sieger von 1979 „FTCh. Westead Shot of Drakeshead" und von 1981 „FTCh. Pocklington Glen" sowie zwei irische Field Trial Champions, darunter der irische Championship Sieger „Int. FTCh. Leacross Rinkals".

Seine Nachkommen zeichneten sich vor allem durch ihre Leichtführigkeit aus, die es auch Anfängern ermöglichte, sie erfolgreich auszubilden und zu führen. Sein Potenzial als Deckrüde war so groß, dass mit großem Erfolg Linienzucht auf ihn gemacht wurde. Auf diese Weise fand sich sein Name noch bis in die 90er-Jahre in vielen Ahnentafeln innerhalb der ersten fünf Generationen.

DER „DUAL-PURPOSE" HEUTE

Aufgrund des Wandels des im Ausstellungsring als Ideal angesehenen Typs und des rasch ansteigenden Leistungsniveaus im Arbeitswesen ist das Zuchtziel des ursprünglichen „Dual-Purpose" in weite Ferne gerückt. Um den Labrador wieder als Jagdhund in Erinnerung zu bringen, wurde in England das „Show Gundog Working Certificate" als zusätzliche Voraussetzung für die Vergabe des Ausstellungstitels (Abk. Ch.) eingeführt. Heute bezeichnen viele Züchter ihre Hunde bereits dann als „Dual-Purpose", wenn sie sowohl Ausstellungsergebnisse als auch bestandene Arbeitsprüfungen (unabhängig von der Leistungsklasse) nachweisen können.

PASST EIN LABRADOR ZU MIR?

SO SIND TYPISCHE LABRADORS

Anpassungsfähig und belastbar Neben seinem freundlichen Naturell ist es vor allem seine große Anpassungsfähigkeit, die den Labrador so populär macht. Sie lässt ihn nicht nur mit neuen Situationen schnell und souverän zurechtkommen, sondern geht auch mit einer natürlichen Gelassenheit, Nervenfestigkeit und Belastbarkeit einher.

Arbeitsfreudig und aktiv Der typische Labrador ist ein bewegungs- und arbeitsfreudiger Hund. Nach wie vor besitzt er die jagdlichen Talente und die vorzügliche Nase seiner Vorfahren. Neben ausreichend Auslauf sollte eine sinnvolle Beschäftigung deshalb selbstverständlich sein! Anregungen finden Sie ab Seite 116.

Menschenbezogen und freundlich Dreh- und Angelpunkte seines Wesens sind seine hohe Menschenbezogenheit und Bindungsbereitschaft. Der Labrador ist ein „Hund zum Anfassen"! Er liebt das Zusammenleben mit dem Menschen und eignet sich daher weder für eine reine Zwingerhaltung noch dafür, täglich stundenlang alleingelassen zu werden.

Zwei temperamentvolle sieben Wochen alte Welpen.

Intelligent, lernbereit und leichtführig Seine Intelligenz spiegelt sich vor allem in seiner Vielseitigkeit wider. Egal, welcher „Job" von ihm verlangt wird, seine hohe Lernbereitschaft und seine Leichtführigkeit ermöglichen einen zügigen und nachhaltigen Ausbildungserfolg. Sinnvolle Korrekturen nimmt er in der Regel nicht übel und sein angeborener Wille zu gefallen lässt ihn gerne mit seinem Besitzer zusammenarbeiten.

Robust und wasserfreudig Grundsätzlich ist der Labrador ein robuster Hund, der zwar feine Antennen für die Befindlichkeiten „seiner" Menschen hat, sich von widrigen äußeren Bedingungen aber wenig beeindruckt zeigt. Er scheut kein schlechtes Wetter oder unwegsames Gelände und seine ausgeprägte Wasserfreude macht weder vor eisigen Temperaturen noch vor Schlammpfützen halt.

BIN ICH BEREIT FÜR EINEN LABRADOR?

Auch der niedlichste Welpe wird schnell zu einem kräftigen, temperamentvollen Labrador heranwachsen, der eine konsequente Erziehung, ausreichend Auslauf und eine sinnvolle Beschäftigung braucht. Aus diesem Grund sollten Sie sich bei Ihrer Entscheidung keinesfalls vom liebevollen Blick eines Welpen oder von etwaigen „Modetrends" leiten lassen, sondern sich im Vorfeld konkret mit der Rasse, ihren Bedürfnissen und Eigenheiten beschäftigen. Gehen Sie die Tabelle rechts in Ruhe durch und versuchen Sie, alle grundsätzlichen Fragen möglichst selbstkritisch zu beantworten.

☞ WICHTIGE ÜBERLEGUNGEN
VOR DEM KAUF

FRAGE	JA	NEIN	FRAGE	JA	NEIN
Besitzen Sie Grundkenntnisse über Haltung und Bedürfnisse eines Hundes?	✓		Sind Sie bereit, Ihrem Labrador nicht nur reichlich Auslauf, sondern auch eine sinnvolle Beschäftigung zu bieten?	✓	
Sind Sie bereit, für die nächsten 10 bis 15 Jahre Verantwortung für ein Hundeleben zu übernehmen?	✓		Haben Sie ausreichend Zeit und Geduld, Ihren Labrador zu einem verlässlichen Begleiter auszubilden?	✓	
Lässt Ihre Wohnsituation das Halten eines bewegungsfreudigen, mittelgroßen Hundes zu?	✓		Steht Ihre ganze Familie hinter Ihrem Hundewunsch?	✓	
Können Sie Beruf und Hund miteinander vereinbaren?	✓		Sind Ihre Kinder alt und verständig genug, um einfache Grundregeln im Umgang mit dem Hund zu akzeptieren und umzusetzen?	✓	
Darf Ihr Labrador mit in den Urlaub oder gibt es einen verlässlichen Ferienplatz?	✓		Gibt es in Ihrem Haushalt Allergiker, die Probleme mit Hundehaaren haben könnten?		✓
Haben Sie noch andere zeitintensive Hobbys, die sich nicht mit einem Hund vereinbaren lassen?		✓	Legen Sie gesteigerten Wert auf eine stets blitzblank geputzte, hundehaarfreie Wohnung?		✓
Ist Ihnen bewusst, dass Sie allein für die Haltung mit „Basiskosten" in Höhe von ca. 1.500 € pro Jahr rechnen müssen?	✓		Suchen Sie einen Hund, der Sie beschützt oder in Ihrer Abwesenheit auf Ihr Hab und Gut aufpasst?		✓

WARUM LABRADORS?
— *Ein Interview mit Anja Möller und Astrid Braun*

Anja Möller und Astrid Braun halten und züchten seit vielen
Jahren Labradors. Was fasziniert sie an der Rasse besonders?

Astrid Braun und Ihre Hündin Luca.

*Seit wann haben Sie Labradors und wie
haben Sie die Liebe zu dieser Rasse entdeckt?*

Anja Möller: Erste Begegnungen mit Labradors hatte ich Anfang der 90er-Jahre anlässlich verschiedener Jagdbegebenheiten. Die enge Zusammenarbeit zwischen Mensch und Hund erschien mir damals wie Magie. 1996 bekam ich meine erste Labrador-Hündin „Petope Firecrest". Sie stammte aus englischen Field-Trial-Linien und wurde Stammhündin meines Zwingers. Mit ihr begann eine Leidenschaft, die bis heute anhält. Momentan begleiten mich einer ihrer Enkelsöhne und zwei ihrer Ur-Enkelinnen.

Astrid Braun: 1995 zog mit „Elodea Nera aus Lühlsbusch" eine schwarze Labrador-Hündin bei uns ein. Anfang der 80er-Jahre hatte ich eine bezaubernde Labrador-Hündin in der Nachbarschaft kennengelernt. Von da an war klar, mein nächster Hund wird ein Labrador. Ich suchte einen kurzhaarigen, alltagstauglichen Jagdhund, der keinerlei Schutztrieb haben und gut in unsere kinderreiche Familie passen sollte.

Anja Möller mit ihrer Hündin Teal.

Was fasziniert Sie besonders am Labrador?

Anja Möller: Am meisten faszinieren mich seine hohe Lern- und Leistungsbereitschaft sowie sein „will to please"– gleichgültig, welche Aufgabe ihm abverlangt wird, mit einer sinnvollen Ausbildung meistert er sie!

Astrid Braun: Ich liebe das absolut menschenfreundliche Wesen und die Fähigkeit der Hunde, ruhig abzuwarten und schnell und temperamentvoll zu arbeiten.

Wer kümmert sich um Ihre Hunde, wenn Sie in den Urlaub fahren?

Anja Möller: Unsere Labradors waren schon immer Kosmopoliten. Da wir nie mehr als maximal vier Hunde gleichzeitig haben, begleiten Sie uns auch in den Urlaub –

„Einmal Labrador, immer Labrador!"

bevorzugt an die europäischen Nordseeküsten oder in die Alpen. Gut erzogene Labradors sind nahezu überall willkommen!

Astrid Braun: Freunde ziehen in unseren Hof und hüten unsere Tiere. Da das nicht nur vier Labradors, sondern auch noch eine Schafherde, zwei Islandpferde, zwei Esel und drei Katzen sind, muss immer jemand da sein.

Welche Eigenschaften sollte ein Labrador-Halter Ihrer Meinung nach unbedingt haben?

Anja Möller: Ein Labrador eignet sich für aktive Menschen, die ihn als Familienmitglied ansehen und bereit sind, nicht nur seinen täglichen Bewegungsansprüchen gerecht zu werden, sondern ihn auch vernünftig zu erziehen und ihren Möglichkeiten entsprechend rassegerecht zu beschäftigen.

Astrid Braun: Labrador-Halter sollten viel Zeit für ihren Hund haben. Sie sollten unternehmungslustig, wetterfest und unempfindlich gegen Schmutz und Haare sein.

WELCHE ZUCHTLINIE PASST ZU MIR?

Das typische Wesen des Labradors zeichnet sich linienunabhängig nach wie vor durch seine Anpassungsfähigkeit, Robustheit, Nervenfestigkeit, allgemeine Wesenssicherheit und Verträglichkeit gegenüber Mensch und Tier aus. Und doch spiegelt sich die Entwicklung der unterschiedlichen Zuchtlinien nicht nur in einer Veränderung des Exterieurs, sondern auch in bestimmten „Stärken und Schwächen" wider (siehe Tabelle rechts).

Die Frage, welche Zuchtrichtung am besten zu Ihnen passt, hängt entscheidend von Ihren persönlichen Interessen und Erwartungen sowie Ihrer Erfahrung und Ihrem Engagement als Hundeführer ab. Deshalb sollten Sie, bevor Sie sich für einen bestimmten Züchter entscheiden (siehe Seite 32), noch einmal über Ihr persönliches „Anforderungsprofil" und die Frage, welche Zuchtrichtung Ihren Ambitionen am besten entspricht, nachdenken.

Fahren Sie zu Prüfungen und Ausstellungen aller Art, versuchen Sie mit Züchtern und Hundeführern ins Gespräch zu kommen, sehen Sie sich möglichst viele verschiedene Hunde an und finden Sie heraus, welcher Typ zu Ihnen passt!

Wenn Sie in erster Linie auf der Suche nach einem familientauglichen Begleithund sind, kann ein führiger Hund aus Standardlinien die bessere Wahl sein als ein hoch veranlagter Hund aus Field-Trial-Linien. Das heißt jedoch nicht, dass Letzterer weniger gut als Familienbegleithund geeignet wäre. Im Gegenteil: Aufgrund ihrer Leichtführigkeit und Unterordnungsbereitschaft lassen sich Hunde aus Field-Trial-Linien häufig mit weniger Aufwand erziehen. Es stellt sich jedoch die Frage, inwieweit Ihnen Ihr Familienalltag Zeit lässt, sich mit den Ansprüchen eines seit Generationen auf seine Arbeitseigenschaften hin gezüchteten Hundes zu beschäftigen, um seinen individuellen Bedürfnissen gerecht zu werden.

Eine Rasse – zwei Zuchtlinien. Die gelbe Hündin stammt aus Field-Trial-Linien, die schwarze und die braune Hündin stammen aus Standardlinien.

TENDENZIELLE UNTERSCHIEDE DER ZUCHTLINIEN

	LABRADORS AUS STANDARDLINIEN	**LABRADORS AUS FIELD-TRIAL-LINIEN**
ZÜCHTERISCHES HAUPTAUGENMERK	Im Mittelpunkt stand das Exterieur, das sich in den letzten 50 Jahren zu einem modernen, schwererem Ausstellungstyp gewandelt hat.	Im Mittelpunkt stand die jagdliche Leistungsfähigkeit unter der Prämisse „form follows function".
EXTERIEUR	Ein häufig schwerer, kräftiger Körperbau mit proportional kürzeren Läufen und kräftigem Kopf mit stark ausgeprägtem Stopp.	Ein meist leichterer, athletischerer Körperbau mit schmalerem Kopf mit weniger ausgeprägtem Stopp. Häufig hochläufiger und länger in der Lende.
CHARAKTEREIGEN-SCHAFTEN	Unerschrocken und manchmal schwer beeindruckbar. Zuweilen mangelt es an Führigkeit, was zu größerer Eigenständigkeit führt. Auch die Bindungsbereitschaft ist nicht immer deutlich genug ausgeprägt.	Meist sensibler und sehr führerbezogen, Fremden gegenüber sicher, aber uninteressiert. Trotz großer körperlicher Härte aufgrund der ausgeprägten Unterordnungsbereitschaft leichter zu beeindrucken.
LEISTUNGSBEREIT-SCHAFT	Unterschiedlich ausgeprägt: teilweise hoch, teilweise gering.	Hoch.
BEUTEVERHALTEN	Manchmal zu wenig, manchmal stark ausgeprägt, jedoch nicht immer leicht zu kontrollieren.	Ausgeprägt.
BRINGVERHALTEN	Unterschiedlich stark ausgeprägt.	Ausgeprägt.
„WILL TO PLEASE"	Manchmal zu wenig, arbeitet dann für sich, aber nicht für den Besitzer.	Ausgeprägt, hohe Unterordnungsbereitschaft.
FÜHRIGKEIT	Nicht immer rassetypisch leichtführig, oft auch mit einem Hang zur Dickköpfigkeit.	In der Regel sehr leichtführig, was bei unsachgemäßer Ausbildung die Gefahr der Unselbstständigkeit birgt.
WASSERFREUDE	Meist sehr ausgeprägt.	Nicht in allen Linien ausgeprägt genug.
ENTWICKLUNG	Meist frühreif.	Häufig frühreif, aber nicht immer!
STABILITÄT	Meist unerschütterlich, oft aber auch schwer zu kontrollierende Passion, die im Zusammenspiel mit mangelnder Führigkeit meist zu Ausbildungsproblemen führt.	In der Regel stabil, manchmal jedoch zu viel Passion, die bei unsachgemäßem Training zu unerwünschten Verhaltensweisen wie z. B. Unruhe oder Winseln führen kann.

WILLKOMMEN DAHEIM

— *Auswahl und Eingewöhnung*

EIN LABRADOR SOLL ES SEIN

Das Zusammenleben mit einem Labrador wird Ihr Leben in vielfältiger Weise bereichern und gleichzeitig auf den Kopf stellen. Informieren Sie sich gut, bevor Sie sich ins Abenteuer Hund stürzen.

WELPE ODER ÄLTERER HUND?

Die Vorteile eines Welpen liegen klar auf der Hand: Er lernt von klein auf Ihre familiären Gepflogenheiten und Regeln kennen. Schon während der Prägungsphase können Sie ihn mit allem vertraut machen, was Ihnen wichtig ist. Allerdings ist die Aufzucht eines Welpen auch eine zeitintensive Aufgabe, denn bis aus Ihrem Welpen ein wohlerzogener Begleiter geworden ist, vergehen meist ein bis zwei Jahre.

So kann es auch gute Gründe geben, sich für einen bereits erzogenen, erwachsenen Labrador zu entscheiden. Gerade ältere Menschen haben manchmal Bedenken, nochmals Verantwortung für ein ganzes Hundeleben zu übernehmen. Dank der Menschenfreundlichkeit und Anpassungsfähigkeit des Labradors gelingen Besitzerwechsel meist problemlos. Auch einen erwachsenen Labrador bekommen Sie am einfachsten über einen Züchter. Es kommt immer wieder vor, dass er einen Hund aus seiner Zucht aus familiären oder gesundheitlichen Gründen zurücknimmt und neu vermittelt. Von Zeit zu Zeit werden auch selbst aufgezogene Junghunde, die die Auflagen für eine Zuchtzulassung nicht erfüllen, abgegeben. Diese Hunde haben i. Allg. ordentliche Papiere, verlässliche Gesundheitsuntersuchungen, eine solide Grunderziehung und eine bekannte Geschichte. Zu finden sind sie z. B. auf den entsprechenden Vermittlungsseiten des DRC (Deutscher Retriever Club e. V.) und des LCD (Labrador Club Deutschland e. V.). Anders sieht es bei Hunden aus dem Tierschutz aus, über deren Schicksal häufig nur wenig bekannt ist. Meist sind schon die Rasseeinheit und die damit verbundenen typischen Eigenschaften nicht sicher belegt. Auch wenn sich der Charakter älterer Hunden meist gut einschätzen lässt, besteht immer ein Risiko, dass etwaige „Macken" erst nach und nach zu Tage treten. Familien mit kleinen Kindern sollten sich deshalb die Übernahme eines Hundes unklarer Herkunft gut überlegen.

Welpe oder erwachsener Hund? Beides hat Vor- und Nachteile und sollte deshalb im Vorfeld gut überlegt werden.

RÜDE ODER HÜNDIN?

Eine typische Hündin aus Standardlinien.

Häufig beruht die Entscheidung letztlich auf persönlichen Vorlieben oder vorangegangenen Erfahrungen.

Labrador-Hündinnen sind nicht grundsätzlich anhänglicher, leichtführiger und verträglicher als Rüden. Sie sind aber standardgemäß deutlich kleiner und leichter. Hündinnen aus Standardlinien wiegen zwischen 28 und 34 kg, Hündinnen aus Field-Trial-Linien meist zwischen 24 und 28 kg. Normalerweise werden sie zweimal im Jahr für ca. 3 Wochen läufig und dürfen in dieser Zeit nicht unbeaufsichtigt bleiben, damit unerwünschter Nachwuchs verhindert wird. Da sie individuell verschieden stark bluten können, kann dies eine Belastung darstellen. Ferner treten bei manchen Hündinnen vor und nach den Läufigkeiten hormonelle Schwankungen auf, die sie psychisch belasten und einen negativen Einfluss auf ihr Verhalten haben können. Häufig sind sie in dieser Zeit unsicherer und weniger belastbar, manchmal zeigen sie auch völlig neue Verhaltensweisen. Kommt es zu innerartlichen Konflikten zwischen Hündinnen, fallen diese meist deutlich heftiger aus als bei Rüden, die gerne mal „viel Lärm um nichts" veranstalten.

Rüden wirken allein durch ihre Größe und Muskelmasse imposanter. Ein erwachsener Rüde aus Standardlinien kann durchaus ein Gewicht von 35 bis 45 kg auf die Waage bringen, Rüden aus Field-Trial-Linien wiegen ca. 28 bis 34 kg. Typischerweise markieren Rüden ihre Umgebung. Jedoch ist es durchaus eine Frage der Erziehung, ob und vor allem wo Sie dies zulassen. Ein Rüde ist das ganze Jahr über fortpflanzungsfähig. Wird sein hormonell gesteuertes Arterhaltungsverhalten durch den Geruch einer läufigen Hündin aktiviert, wird er versuchen, es auszuleben. Je nach Temperament und Führigkeit bedarf es nun mehr oder weniger erzieherischer Konsequenz, um unerwünschtes, typisches „Rüdenverhalten" zu unterbinden.

Zwei Rüden nähern sich einander an.

Für beide Geschlechter gilt, dass eine Kastration, die von Tierärzten zuweilen bereitwillig zur Lösung verschiedenster Verhaltens- und Ausbildungsprobleme angeboten wird, oft nicht die erwartete Wirkung zeigt. Durch die vollständige Entfernung der Keimdrüsen wird jedoch der gesamte Hormonhaushalt beeinträchtigt. Da das Eierstockhormon Östrogen u. a. für die Schließmuskelfunktion der Harnblase mit verantwortlich ist, haben Labrador-Hündinnen ein relativ hohes Risiko (10–15%) innerhalb der ersten zwei Jahre nach der Operation inkontinent zu werden. Ferner haben sowohl Rüden als auch Hündinnen nach einer Kastration häufiger Probleme, ein angemessenes Gewicht zu halten. Hier gilt es, insbesondere beim Labrador, die Fütterungspraktiken besonders im Auge zu behalten. Vereinzelt können zudem Fell- und Wesensveränderungen beobachtet werden. Eine Kastration sollte deshalb sorgfältig überlegt und i. d. R. nur aus zwingenden gesundheitlichen Gründen in Erwägung gezogen werden.

Links aus Standardlinien, rechts aus Field-Trial-Linien.

WO KAUFT MAN EINEN LABRADOR?

DIE RASSEHUNDEZUCHTVEREINE

Unter dem internationalen Dachverband der Fédération Cynologique Internationale (FCI) sind die jeweiligen Zuchtverbände der Länder zusammengeschlossen. Dachorganisation ist in Deutschland der Verband für das Deutsche Hundewesen (VDH). Alle Mitgliedsvereine unterliegen den FCI-Rahmenzuchtbestimmungen und erkennen sich gegenseitig an. So ist es z. B. möglich, einen Hund mit SKG-Papieren aus der Schweiz mithilfe einer vom dortigen Verein ausgestellten „Export-Ahnentafel" nach Deutschland zu importieren und problemlos in das Zuchtbuch eines VDH-Vereines übernehmen zu lassen. Für einen Hund ohne FCI-anerkannte Papiere ist dies hingegen ausgeschlossen.

Für die Rasse Labrador Retriever gibt es in Deutschland nur zwei Zuchtvereine, die anerkannte Mitglieder des VDH sind – der Deutsche Retriever Club e. V. (DRC) und der Labrador Club Deutschland e. V. (LCD). Nur diese beiden Vereine haben die FCI- und VDH-Rahmenzuchtordnungen in ihren Satzungen verankert und garantieren mit einem bundesweiten Netz von ausgebildeten Zuchtwarten, dass jeder Wurf einer Zuchtstätte vor Ort überprüft wird. Beide Zuchtvereine unterhalten auf ihren Homepages nicht nur Züchter- und Welpenlisten, sondern auch öffentliche Datenbanken, in denen jeder im Verein gezüchtete Hund mit seinen Eltern, Geschwistern und Nachkommen, Gesundheitsdaten, Ausstellungs- und Prüfungserfolgen dargestellt wird. Auf diese Weise gestaltet sich das Zuchtgeschehen der Vereine transparent und für jedermann einsehbar. Welpen-Interessenten können sich mit wenigen Klicks ein eigenes Bild über das züchterische Wirken des Vereins und seiner Züchter machen. Leider gibt es jedoch auch hier „Nachahmer-Organisationen", die z. B. mit identischen Abkürzungen werben, aber weder Mitglied in der FCI noch im VDH sind. Es lohnt daher, sich vorab gründlich zu informieren.

KONTAKT ZU DEN ANERKANNTEN RASSEZUCHTVEREINEN

Persönliche Ansprechpartner im DRC e. V. und LCD e. V. finden Sie in deren Geschäftsstellen (Adressen siehe Service). Von dort werden Sie je nach Anliegen an ein zuständiges Mitglied aus dem Vorstand oder der Zuchtkommission weiterverwiesen.

SERIÖSE QUELLEN

Heutzutage gibt es zahlreiche Möglichkeiten, einen Rassehund zu finden. Leider ist für viele Hundeinteressierte immer noch der Weg über die Anzeigenseite der Tageszeitung die erste Wahl. Hier finden sich jedoch nur in Ausnahmefällen Anzeigen seriöser Züchter. Meist handelt es sich um sogenannte „Vermehrer" oder Hundehändler. Oft besitzen sie sehr viele Hündinnen, die sie regelmäßig belegen lassen, oder sie kaufen Welpen an, um jederzeit jede gewünschte Farbe jeden Geschlechts anbieten zu können. Die Welpen werden natürlich mit „Papieren" angeboten und in manchen Fällen wird auch schon nach dem ersten Besuch ein Vertrag vorgelegt sowie eine Anzahlung verlangt. Gleiches gilt auch für Kleinanzeigen im Internet. Es ist jedoch sehr unwahrscheinlich, dass ein renommier-ter Züchter seine Welpen z. B. in einer ebay-Kleinanzeige anbietet. Auch sogenannte Hobbyzüchter, die die Kontrolle durch einen Zuchtverband scheuen und wortreich erklären können, warum Papiere unnötiger Luxus sind, gehören i. Allg. nicht zu den besten Anlaufadressen. Da es heute auch vom Preisniveau her kaum noch Unterschiede zu Hunden aus seriöser Zucht gibt, lohnt es sich, sich umfassend zu informieren. Seriöse Züchter planen langfristig und haben nicht ständig Welpen. Ihre Wurfplanungen und -meldungen werden inklusive aller relevanten Daten auf den Homepages der Zuchtvereine veröffentlicht.

LISTEN FÜR ERWARTETE WÜRFE UND WELPENLISTEN

Auf den Homepages der Rassezuchtvereine gibt es Listen mit erwarteten und bereits gefallenen Würfen sowie eine Seite mit zu vermittelnden erwachsenen Labradors. Für jeden erwarteten Wurf ist das voraussichtliche Wurfdatum bzw. bei den Welpenlisten das frühestmögliche Abgabedatum angegeben. Ferner sind die Elterntiere des Wurfes angegeben und mit den Datenbanken verlinkt, sodass eine schnelle Übersicht über die

Über die öffentlich zugänglichen Datenbanken gestaltet sich das Zuchtgeschehen der Rassezuchtvereine transparent.

Gesundheitsergebnisse der Eltern, Geschwister und bereits vorhandener Nachzucht möglich ist. Außerdem finden sich auf den Homepages zahlreiche Hinweise auf Veranstaltungen wie Wesenstests, Formwertprüfungen, Ausstellungen, Dummy- oder Jagdprüfungen, die Ihnen Gelegenheit bieten, sich Hunde live anzusehen und mit Züchtern ins Gespräch zu kommen.

Kontaktdaten der Züchter Züchterlisten lassen sich mit einem Klick nach Postleitzahlen sortieren, sodass Sie schnell Züchter in Ihrer Umgebung finden können. Die Listen enthalten den Züchter- und Zwingernamen mit den entsprechenden Kontaktdaten. Neben der Telefonnummer ist meist auch eine Homepage angegeben, auf der Sie sich ganz unverbindlich einen ersten Eindruck verschaffen können.

Farbe und Geschlecht der Welpen Auf den Listen mit den erwarteten Würfen werden auch die zu erwartenden Fellfarben der Welpen genannt. Auf den Welpenlisten findet sich dann sowohl die Farbe als auch das Geschlecht (R = Rüde; H = Hündin) der zu vermittelnden Welpen.

Jagdliche Leistungszucht & Co. Durch verschiedene Prädikate, wie „Jagdliche bzw. Spezielle jagdliche Leistungszucht" (DRC) oder „Jagdliche Zucht bzw. Leistungszucht" (LCD), versuchen die Vereine, jagdlich geprüfte Hunde herauszustellen.

Während im LCD für eine Standardzucht keinerlei Prüfungen der Elterntiere verlangt werden, muss im DRC immer zumindest einer der beiden Deckpartner eine retrievertypische Prüfung nachweisen.

Das Prädikat „Jagdliche Leistungszucht" (DRC) sowie „Leistungszucht" (LCD) bedeutet, dass beide Elterntiere zumindest eine Bringleistungsprüfung (BLP/R) bestanden haben. Bei der „Speziellen jagdlichen Leistungszucht" (DRC) müssen zusätzlich auch die Großeltern eine entsprechende Prüfung nachweisen. Bei der „Jagdlichen Zucht" (LCD) genügt es, wenn ein Elternteil eine BLP und der andere eine Brauchbarkeitsprüfung oder Jagdeignungsprüfung (BrP oder JEP) bestanden hat. Die Zuordnung zu den einzelnen Zuchtarten gibt keinen Hinweis darauf, ob der Hund aus Standardlinien oder Field-Trial-Linien stammt. Sie bezieht sich ausschließlich auf erfolgreich absolvierte Prüfungen.

Auf den Welpenlisten finden sich auch Angaben über Geschlecht und Farbe der zu vermittelnden Welpen.

Die Zuchtart gibt keinen Aufschluss über die Zuchtlinie!

DEN RICHTIGEN ZÜCHTER FINDEN

Naheliegende Kriterien für die Auswahl des Züchters sind meist die Entfernung und die Verfügbarkeit des gewünschten Welpen. Wenn Sie sich jedoch intensiver mit der Hundesuche beschäftigen möchten, werden Sie feststellen, dass es noch weitere, mindestens ebenso wichtige Kriterien gibt. Wenn Sie nicht bereits auf eine Zuchtlinie festgelegt sind, weil Sie z. B. vorhaben, intensiv Dummy-Arbeit zu betreiben oder mit Ihrem Hund gerne Ausstellungen besuchen möchten, sollten Sie sich Vertreter beider Linien ansehen und mit entsprechenden Züchtern sprechen. Auch wenn sich Titel und Prüfungsergebnisse der Elterntiere nicht vererben und Sie selbst vielleicht gar nicht vorhaben, Ihren Labrador jagdlich auszubilden, beweisen erfolgreich absolvierte Prüfungen doch, dass sich die Vorfahren Ihres Welpen als gut ausbildbar, schussfest und wasserfreudig erwiesen haben. Züchter, die sich dem Wettbewerb stellen, egal ob auf einer Prüfung oder einer Ausstellung, haben Interesse an ihrer Rasse, nehmen an aktuellen Entwicklungen teil und stehen dadurch auch im ständigen Austausch mit anderen Züchtern.

Farbige Halsbändchen markieren die einzelnen Welpen.

Ein typischer Labrador-Welpe: Aufmerksam und zutraulich.

Auch im Spiel mit anderen erwachsenen Hunden des Züchters lernen die Welpen wichtige Verhaltensregeln für ihr weiteres Leben.

☞ LEITFRAGEN ZUR ZÜCHTERWAHL

PERSON DES ZÜCHTERS	JA	NEIN	ZUCHTSTÄTTE	JA	NEIN	WELPEN/ ZUCHTHÜNDIN	JA	NEIN
Liegt Ihnen die Art des Züchters, ist er fachlich kompetent, hilfsbereit und freundlich? Interessiert er sich für Sie und Ihre Lebensumstände? Will er wissen, wie Ihr zukünftiger Hund bei Ihnen leben wird?			Sagen Ihnen die Aufzuchtverhältnisse zu? Ist die Zuchtstätte hell, sauber und gepflegt?			Sind die Welpen sauber, gepflegt und gesund? Verhalten sie sich verspielt und zutraulich?		
Können Sie sich vorstellen, sich bei ihm auch später noch Rat und Hilfe zu holen?			Leben die Welpen inmitten der Familie? Oder leben sie isoliert in einem Nebengebäude?			Werden Sie auch von der Mutterhündin freundlich begrüßt? Lassen ihr Aussehen und ihr Ernährungszustand auf eine optimale Versorgung schließen?		
Können Sie sich vorstellen, etwaige Ratschläge auch praktisch umzusetzen?			Haben die Welpen ihrem Alter entsprechend genügend Platz und Möglichkeiten, die Umgebung zu erkunden?			Sind die HD- und ED-Ergebnisse der Eltern, Großeltern und weiterer Nachzuchten in Ordnung?		
Welche Zuchtziele beschreibt der Züchter und passen diese zu Ihren Wünschen?			Ist passendes Spielzeug vorhanden? Gibt es Rückzugsmöglichkeiten? Wasser? Sonnenschutz? Eine Lösestelle?			Liegen für die wichtigsten genetischen Erkrankungen (wie PRA, CNM oder EIC) Gentests der Elterntiere vor?		
Ist auch seine Nachzucht HD und ED untersucht? Oder beschränkt er sich auf die Pflichtuntersuchungen seiner Zuchttiere? Sind die entsprechenden Gutachten in den öffentlichen Datenbanken der Zuchtvereine veröffentlicht?			Haben die anderen Hunde des Rudels Zugang zu den Welpen? Gerade ältere Rudelmitglieder können wertvolle „Erziehungsarbeit" leisten.			Liegt von beiden Elterntieren eine gültige Zuchtzulassung vor, die den Vorschriften des jeweiligen Zuchtvereins entspricht?		

„Fox-red" – die neue Labrador-Modefarbe?

DIE AUSWAHL DES WELPEN

Zwei bis drei Wochen nach der Geburt können i. Allg. erste Besuchstermine vereinbart werden. Mit etwa zwei Wochen öffnen sich die Augen und Ohren der Welpen, kurze Zeit später brechen die Zähnchen durch. Gleichfarbige und gleichgeschlechtliche Welpen sind zu diesem Zeitpunkt meist farblich markiert, damit der Züchter sie auseinanderhalten kann. Erst nach der 3. Woche werden die Welpen körperlich aktiver. Sie beginnen, den Auslauf und die nähere Umgebung zu erkunden sowie mit den Geschwistern und größeren Hunden des Rudels zu spielen. Mit etwa 5 Wochen können erfahrene Züchter sich langsam ein Bild über das Temperament und die angeborenen Anlagen (z. B. das Bringverhalten) der einzelnen Welpen machen. Wenn es Ihnen möglich ist, lohnt es sich, die Welpen in dieser Zeit öfter zu besuchen. Der Züchter wird Ihnen von Mal zu Mal mehr über die Eigenschaften der einzelnen Welpen erzählen können und Sie werden langsam eine Idee davon bekommen, welcher Welpe der passende für Sie sein könnte. Erfahrene Züchter helfen und unterstützen Sie bei Ihrer Wahl, legen aber auch einmal ein Veto ein, wenn sie ihnen unpassend erscheint.

VERTRAGLICHES

VORVERTRÄGE UND ANZAHLUNGEN

Vorverträge und Anzahlungen nehmen zwar zu, sind jedoch kritisch zu beurteilen. Einem guten Züchter ist meist viel wichtiger, dass der Welpenkäufer zu 100 % von seiner Entscheidung überzeugt ist. Kommen Zweifel auf, ist es für alle Beteiligten besser, wenn auf den Kauf verzichtet wird.

BESONDERE VERTRAGSINHALTE

Seriöse Züchter besprechen den Inhalt des Kaufvertrages und die Höhe des Kaufpreises frühzeitig. Häufig wird ein späteres Vorkaufsrecht zum Welpenpreis vereinbart, um zu verhindern, dass ein Hund aus ihrer Zucht von Hand zu Hand gereicht wird oder im Einzelfall im Tierheim landet. Eine Verpflichtung

Eine Hand unter den Po, eine Hand unter das Brustbein – so tragen Sie einen Welpen richtig!

Bereits mit 4 bis 5 Wochen zeigen die meisten Labrador-Welpen das typische Bringverhalten.

des Käufers, den Hund mit einem Jahr auf HD (siehe S. 73) und ED (siehe S. 74) röntgen und die Bilder vom offiziellen Gutachter auswerten zu lassen, ist mittlerweile ebenfalls gängige Praxis. Manchmal werden auch spezielle Vereinbarungen bezüglich einer späteren Kastration oder Zuchtverwendung getroffen.

DER WELPENPREIS

Der Welpen-Preis für einen Labrador aus einer VDH-anerkannten Zucht liegt derzeit bei 1.000 bis 1.600 €. Sollte der Welpe zum Zeitpunkt der Übergabe einen erkennbaren zuchtausschließenden Fehler haben, wie z. B. eine Fehlfarbe, einen Gebissstellungsfehler, ein Ek- bzw. Entropium oder nicht abgestiegene Hoden, sollte sich dies in einer angemessenen Minderung des Kaufpreises niederschlagen. Fehler dieser Art sind im Wurfabnahmebericht dokumentiert. Die vor der Abgabe zu erfolgende tierärztliche Untersuchung und das Chippen sollten ebenso im Preis inbegriffen sein wie die Entwurmungen und Impfungen während der Aufzucht.

MACHT DIE FARBE EINEN UNTERSCHIED?

Grundsätzlich gibt es keinen Unterschied. Allerdings sollten Sie bedenken, dass schwarze Hunde auf hundeunerfahrene Menschen meist bedrohlicher wirken als helle. Soll Ihr Labrador Sie also künftig in ein Büro mit Publikumsverkehr begleiten oder als Therapiehund eingesetzt werden, könnte ein gelber Hund unter Umständen von Vorteil sein.

Die Farbe Braun war vor einigen Jahren noch kaum verbreitet und wurde daraufhin in relativ kurzer Zeit verstärkt gezüchtet. Eine züchterische Selektion, die im Wesentlichen nur auf einem Merkmal beruht (wie z. B. der Farbe) führt nicht nur zu einer Verkleinerung des Genpools, sondern unter Umständen auch dazu, dass andere Rassemerkmale in den Hintergrund gedrängt werden und sich rassetypische Erkrankungen häufen könnten. Ähnlich könnte es sich auch bei der Zucht anderer Modefarben wie beispielsweise der Gelbvariante „fox-red" verhalten.

ENTWICKLUNGS-PHASEN
— *in der Aufzucht*

Die Entwicklung eines Welpen verläuft rasend schnell. Vom Tag seiner Geburt an durchläuft er verschiedene Entwicklungsphasen, die ihn auf sein weiteres Leben vorbereiten.

Während der 1. und 2. Lebenswoche ist das Verhalten der Welpen überwiegend reflexgesteuert. Sie zeigen angeborene Verhaltensweisen, die ihr Überleben sichern, wie das Suchen nach Wärme und Nahrung oder den sog. „Milchtritt". Augen und Gehörgänge sind geschlossen und sie können sich nur „robbenartig" fortbewegen. Noch werden ihre Ausscheidungen durch massierendes Lecken der Mutter über die Bauch- und Analregion reflexartig ausgelöst. Mit dem Öffnen der Augen und Gehörgänge in der 3. Lebenswoche nehmen die Welpen zunehmend ihre Umwelt wahr. Sie zeigen nun große motorische Fortschritte und erste Interaktionen mit den Wurfgeschwistern. Gegen Ende der 3. Lebenswoche brechen die Milchzähne durch. Mit wachsender Mobilität und Selbstsicherheit erweitern sie während der 4. bis 7. Lebenswoche zunehmend ihren Bewegungsradius. Über das Spiel mit der Mutter und den Wurfgeschwistern lernen sie nahezu alle arttypischen Verhaltensweisen. Sie trainieren ihr Ausdrucksverhalten und entwickeln die sog. „Beißhemmung". Ihre Lernbereitschaft ist nun so groß, dass mit nahezu jeder Beschäftigung ein einfacher Lernvorgang verbunden ist. Dinge, die die Welpen während der sog. „Prägungsphase" kennen lernen, werden ihnen immer vertraut sein. Nur in dieser Zeit können Welpen auf den Menschen geprägt werden. Deshalb ist es wichtig, dass sie nun ausreichend Gelegenheit bekommen, verschiedene Menschen unterschiedlichen Alters kennenzulernen und vielfältige Umwelterfahrungen zu machen.

01

02

03

04

01   *In den ersten zwei Wochen nach der Geburt (vegetative Phase) können die Welpen ihre Körpertemperatur noch nicht selbstständig aufrechterhalten.*

02   *Ab der 4. Lebenswoche (Prägungsphase) erweitern die Welpen ständig ihren Aktionsradius. Im Spiel mit den Wurf-geschwistern und der Mutter trainieren sie nun nicht nur ihr Ausdrucksverhal-ten, sondern erlernen auch nahezu alle sozialen Verhaltensweisen.*

03   *Mit dem sogenannten „Milchtritt" regen die Welpen den Milchfluss am Gesäuge der Mutter an.*

04   *Nach dem Öffnen von Augen und Gehör-gängen gegen Ende der 3. Lebenswoche (Übergangsphase) zeigen die Welpen erste Spielaktivitäten, die häufig auch „stimm-lich" begleitet werden.*

VORBEREITUNGEN

Während Ihrer Welpenbesuche bietet sich meist genügend Gelegenheit, mit dem Züchter zu besprechen, was Sie für den Tag der Abholung vorbereiten sollten.

FUTTER- UND WASSERNAPF

Der Futter- und Wassernapf muss ausreichend groß, leicht zu reinigen und am besten rutschfest sein. Edelstahlnäpfe haben sich hier sehr bewährt. Allerdings kommen nicht alle Welpen mit der spiegelnden Oberfläche zurecht. Fragen Sie Ihren Züchter, ob Ihr Welpe bereits Erfahrung damit hat.

WELPENFUTTER

Ihr Welpe sollte zunächst genau dasselbe Futter erhalten wie in der Aufzuchtzeit, möglichst auch in ähnlichen Portionen und zu ähnlichen Zeiten. Viele Züchter geben ihren Welpen für die ersten Tage einige Futterrationen mit oder sind bereit, eine Sammelbestellung zu Züchterkonditionen zu machen.

 Checkliste:

WELPEN-AUSSTATTUNG

....

☐ Futter- und Wassernapf
☐ Hundebett
☐ Welpendummy
☐ Welpenfutter
☐ Zimmerkennel
☐ Autotransportzubehör
☐ Halsband/Brustgeschirr und Leine
☐ Kauartikel
☐ Zeckenzange
☐ Bürste
☐ Trockentuch
☐ Hundepfeife
☐ Welpenspielzeug
☐ Haftpflichtversicherung

KAUARTIKEL

Welpen haben meist ein sehr ausgeprägtes Kaubedürfnis. Bieten Sie Ihrem Welpen Kauartikel wie Rinderhaut, Schweineohren oder Ochsenziemer an.

HUNDEBETT

Ihr Welpe braucht ein Hundebett, in das er sich jederzeit ungestört zurückziehen kann. Es sollte an einem ruhigen, zugfreien Ort, möglichst nicht direkt neben der Heizung stehen. Besonders beliebt sind Plätze, an denen der Hund etwas abseits liegt, seine Familie aber gut im Blick hat. Hundekörbchen aus Weidengeflecht sind zwar schön anzusehen, fallen Welpenzähnen aber schnell zum Opfer. Besser bewährt haben sich deshalb Hundebetten aus Kunstleder. Sie sind leicht sauber zu halten, sehen ansprechend aus und werden von Hunden jeden Alters angenommen. Gerne genutzt werden auch Kissen, die eine weiche Füllung haben. Sie passen sich perfekt der Körperform an, sind sehr bequem, in verschiedenen Formen erhältlich und können leicht selbst genäht werden.

Als weiche Einlage in Hundebetten aller Art haben sich sogenannte Vet-Beds bewährt. Es handelt sich dabei um Kunstfaserdecken, die ursprünglich aus der Altenpflege stammen. Sie lassen Feuchtigkeit durch und behalten dadurch stets eine trockene Oberfläche. Sie können je nach Farbe und Ausstattung mit bis zu 95 Grad in der Waschmaschine gewaschen werden.

ZIMMERKENNEL

Ein Zimmerkennel ist eine wertvolle Ausbildungshilfe und bietet dem Welpen gleichzeitig einen optimalen Schlafplatz für die Nacht. Der Fachhandel bietet verschiedene Ausführungen an. Kunststoff- bzw. Flugboxen sind sehr robust, leicht sauber zu halten und vergleichsweise preiswert. Leider sind gerade die großen Exemplare recht unhandlich. Ein weiterer Nachteil ist, dass sie relativ geschlossen sind und es dem Hund mangels ausreichender

Vermeiden Sie unbedingt die Gabe ringförmiger Knochenspangen, die sich über den Kiefer stülpen können!

Nylonhalsbänder und -leinen sind pflegeleicht und lassen sich in der Länge variieren.

Luftzirkulation schnell zu warm werden kann. Eine Alternative bieten zusammenlegbare Metall-Gitterboxen. Mithilfe einer im Handel erhältlichen Abdeckung oder einer darübergelegten Decke können Sie Ihrem Welpen leicht eine angenehme „Höhlensituation" schaffen. Zwar bleibt der Schmutz nicht wie bei Kunststoffboxen innerhalb der Box liegen, dafür ist aber die Belüftung sehr viel besser. Softkennel funktionieren ähnlich wie Kinderreisebetten und lassen sich mit weni-

gen Handgriffen auf- und abbauen. Sie eignen sich hervorragend, um Ihren Hund auf Reisen oder auch im Büro sicher unterzubringen. Für Welpen sind sie allerdings i. Allg. nicht stabil genug.

Viele Hunde nutzen ihren Kennel ein Leben lang, andere nur während der Welpenzeit. Trotzdem sollten Sie die Größe so wählen, dass auch ein ausgewachsener Labrador bequem ausgestreckt darin liegen könnte.

HALSBAND/BRUSTGESCHIRR UND LEINE

Bewährt haben sich verstellbare Nylonhalsbänder, die dem raschen Wachstum der Junghunde laufend angepasst werden können. Das Halsband sollte nicht zu schmal (mind. 2,5 cm breit), ausreichend lang (mind. 40 cm) und weich sein. Für temperamentvolle Welpen kann auch ein Brustgeschirr eine gute Alternative sein. Bei der Auswahl kommt es vor allem auf einen perfekten Sitz, die Akzeptanz durch den Welpen und beste Verarbeitung an. Die Leine sollte nicht zu kurz sein (ab 1,20 m). Bei sog. Umhängeleinen lässt sich die Länge nach Bedarf variieren.

Checkliste:
PASSFORM-CHECK
BRUSTGESCHIRR

☐ Das Y des Geschirrs muss auf dem Brustbein aufliegen, Schultern und Kehlkopf bleiben frei.

☐ Zwischen Brustgurt und Brust sollten zwei Finger passen, damit es nicht zu locker und nicht zu straff sitzt.

☐ Der Brustgurt sollte weit genug von den Vorderläufen entfernt sein, um die Bewegungsfreiheit nicht einzuschränken, und vor dem letzten Rippenbogen liegen.

HUNDEPFEIFE

Viele Züchter konditionieren ihre Welpen von Anfang an bei jeder Fütterung auf einen bestimmten „Komm-Pfiff". Dieser funktioniert auch in der neuen Umgebung meist zunächst zuverlässig, muss aber gefestigt werden. Fragen Sie deshalb Ihren Züchter, welche Pfeife er verwendet hat.

WELPEN-DUMMY

Ein Welpen-Dummy (250 g) ist ein Apportier- und niemals ein Spielgegenstand! Sie sollten ihn deshalb dem Welpen nie zur freien Verfügung überlassen und vor allem vermeiden, dass er selbstständig darauf herumkaut.

WELPENSPIELZEUG

Beliebt ist alles, was sich werfen und tragen lässt! Je stabiler und haltbarer die Ausführung, desto besser, deshalb lohnt es sich, für gute Qualität etwas mehr auszugeben. Leider wird Hundespielzeug im Handel sehr häufig mit Quietschfunktion angeboten. Da es das feste Zubeißen fördert, ist es für den an sich weichmäuligen Labrador eher ungeeignet.

Wichtig! Welpenspielzeuge müssen eine angemessene Größe haben und sollten **nicht quietschen!** Das weitverbreitete „Stöckchen

01

werfen" birgt nicht nur große Verletzungsgefahren, es ist auch kontraproduktiv, wenn Sie planen, mit Ihrem Labrador in die Dummy-Arbeit einzusteigen.

ZECKENZANGE

Zecken (Holzböcke) übertragen Viren und Bakterien, die bei Hund und Mensch gefährliche Erkrankungen hervorrufen können. Deshalb ist es wichtig, dass Sie festgebissene Zecken sofort fachgerecht mittels einer Zeckenzange entfernen.

ZUBEHÖR FÜR DEN
AUTOTRANSPORT

Wer einen ungesicherten Hund im Auto transportiert, riskiert nicht nur ein Bußgeld, sondern im Falle eines Unfalls auch eine Ge-

02

03

01 *Welpenspielzeug sollte von guter Qualität sein, damit es den spitzen Milchzähnchen standhalten kann. Eventuell vorhandene Quietschies lassen sich notfalls auch entfernen!*

02 *Ein Welpen-Dummy ist ein Apportier- und kein Spielgegenstand! Da die meisten Dummys mit Kunststoffgranulat gefüllt sind, sollten Sie Ihren Welpen niemals unbeaufsichtigt damit herumspielen lassen.*

03 *Sowohl zu Hause als auch unterwegs sollten Sie immer ein Trockentuch für Ihren Labrador parat haben! Bewährt haben sich insbesondere spezielle Kunstfasertücher, die große Flüssigkeitsmengen aufnehmen können, pflegeleicht sind und schnell trocknen.*

fährdung mitfahrender Insassen oder des Hundes selbst. Für Kombi-Fahrzeuge wird eine Vielzahl von Transportboxen bis hin zu Maßanfertigungen angeboten. Solange Sie nur einen oder zwei Hunde besitzen, sind sie sehr zu empfehlen. Ihr Hund ist sicher und gesetzeskonform untergebracht, Schmutz und Hundehaare bleiben weitestgehend in der Box. Auch bei offener Heckklappe kann er nicht aus dem Auto springen und rund um die Box kann weiteres Gepäck zugeladen werden. Preiswerter sind stabile Gepäck- oder Hundegitter, die Fahrzeuginsassen vor herumfliegendem Gepäck schützen sollen, aber ein Herausschleudern des Hundes im Fall eines Auffahrunfalls nicht verhindern können. Der Hund hat zwar mehr Bewegungsfreiheit, dafür ist aber auch die Ladefläche immer

komplett belegt. Für den Transport auf der Rücksitzbank werden entsprechende Gurtsysteme angeboten, an die Ihr Hund von klein auf gewöhnt werden sollte.

HAFTPFLICHTVERSICHERUNG

Sie sollten für Ihren Labrador auf jeden Fall eine Haftpflichtversicherung abschließen. Gemäß § 833 BGB haften Sie als Tierhalter unabhängig von der Schuldfrage für jeden Schaden, den Ihr Tier verursacht. Dies gilt sowohl für Personenschäden, wenn Ihr Labrador z. B. eine Person zum Stürzen bringt, als auch für Sachschäden, wie beschmutzte Kleidung. Achten Sie beim Vertragsabschluss darauf, dass die Versicherung auch einspringt, wenn andere Personen Ihren Hund in ihrer Obhut haben (Haftpflicht als Tierhüter).

☞ *Checkliste:*
UNTERLAGEN VOM ZÜCHTER

☐ Ahnentafel
☐ Informationsmaterial des Zuchtvereins
☐ Impfpass bzw. EU-Heimtierausweis
☐ Welpenmappe des Züchters
☐ Kaufvertrag und Kopie des
   Wurfabnahmeberichts
☐ Welpenfutter
☐ Decke/Tuch mit dem Geruch der
   Mutter und der Geschwister

Labradorwelpen sind begeisterte Gartenhelfer.

Prüfen Sie, ob Sie Pflanzen im Garten haben, die Ihrem Hund gefährlich werden können.

SICHERHEITS-VORKEHRUNGEN

Vor dem Einzug Ihres Welpen sollten Sie sich auch noch mit Ihrer Wohnung und gegebenenfalls Ihrem Garten beschäftigen. Befinden sich wertvolle Gegenstände oder lieb gewordene Andenken in erreichbarer Position für einen Welpen? Wo liegen Stromkabel und sind diese entsprechend gesichert? Haben Sie glatte Böden, die man auf den „Hauptverkehrswegen" mit alten Läufern rutschsicher machen kann? Treppen oder Kinderzimmer lassen sich gut mit Kinderschutzgittern absichern.

Muss Ihr Gartenzaun erneuert oder das Tor nach unten verlängert werden? Gibt es in Ihrem Garten giftige Pflanzen, wie z. B. Eiben, die am besten kurzerhand entfernt werden sollten? Wollen Sie in Ihrem Garten einen Löseplatz (z. B. aus Rindenmulch) für Ihren Welpen einrichten?

DIE ABHOLUNG DES WELPEN

Nun ist es endlich so weit! Sie haben mit Ihrem Züchter einen Abholtermin vereinbart. Je nachdem wie lang die Reise ist, sollten Sie versuchen, Ihren Welpen möglichst früh am Tag in Empfang zu nehmen, damit er noch genügend Zeit hat, sich in seinem neuen Zuhause umzusehen. Nehmen Sie für die Fahrt eine Decke und ein paar Handtücher sowie Leine und Halsband/Brustgeschirr mit. Reisen Sie am besten zu zweit an, damit Sie sich während der Rückfahrt um Ihren Welpen kümmern können. Planen Sie für die Abholung einen Aufenthalt von etwa 1 bis 2 Stunden ein. Wahrscheinlich wird Ihr Züchter die Gelegenheit nutzen und Sie nochmals sehr ausführlich beraten. Sehen Sie sich gemeinsam Ihren Welpen an. Da ein Wechsel des Umfelds auch mit körperlichem Stress verbunden ist, muss er in Topform sein. Klare,

Überprüfen Sie gemeinsam mit dem Züchter, ob die im EU-Heimtierausweis eingetragene oder aufgeklebte Chipnummer mit der Chipnummer Ihres Welpen übereinstimmt.

Ein typisches Welpenpaket besteht neben den offiziellen Dokumenten i. d. R. aus einer ausführlichen Welpenmappe, einer Hundepfeife, mehreren Rationen des gewohnten Futters und einer Hundedecke.

saubere Augen, ein munteres verspieltes Wesen und ein glänzendes Fell sind die besten Anzeichen dafür. Vor der Abfahrt legen Sie Ihrem Welpen das mitgebrachte Halsband/ Brustgeschirr um und lassen ihn sich im Beisein des Züchters nochmals lösen, bevor es losgeht und die gemeinsame Zeit mit Ihrem Labrador beginnt.

AHNENTAFEL

Nicht immer kann Ihnen Ihr Züchter bereits bei Übergabe des Welpen die Original-Ahnentafel aushändigen. Normalerweise werden die Ahnentafeln von den Geschäftsstellen der Vereine erst verschickt, wenn der Wurfabnahmebericht vorliegt. Bei der Wurfabnahme, die nicht vor dem 50. Lebenstag der Welpen erfolgen darf, wird der gesamte Wurf vom Zuchtwart bzw. dem Wurfabnahme-Berechtigten vor Ort kontrolliert. Hierbei werden die Umstände der Geburt und der Aufzucht sowie der Zustand der Mutterhündin, der Welpen und der Zuchtstätte genau festgehalten. Nur wenn alles den Vorgaben der Zuchtvereine entspricht, bekommt der Züchter zunächst einen Vorabdruck der Ahnentafel, den er auf

etwaige Fehler hin korrigieren muss. Anschließend werden die Original-Ahnentafeln verschickt. Sollte sie deshalb zum Abgabetermin noch nicht vorliegen, können Sie im Kaufvertrag vereinbaren, dass der Züchter Ihnen die Ahnentafel nach Erhalt unentgeltlich zuschickt.

Auf der Rückseite der Ahnentafel bestätigt der Züchter mit seiner Unterschrift die Richtigkeit der Angaben. Sie selbst werden als neuer Eigentümer eingetragen und der Eigentumswechsel wird nochmals mit der Unterschrift des Züchters quittiert.

Zusammen mit der Ahnentafel erhalten Sie auch schon die Formulare für die Auswertung der HD- und ED-Röntgenaufnahmen durch den vom Verein bestellten Gutachter sowie ein Zahnstatusformular bzw. eine Zahnkarte. Mithilfe letzterer kann der Tierarzt später die Vollständigkeit und korrekte Stellung des Gebisses attestieren. Bewahren Sie alle Unterlagen gut auf. Da Ihr Züchter die Auswertungsgebühren für das HD- und ED-Gutachten bereits bezahlt hat, gelten die Formulare sozusagen als Quittung und lassen sich nicht ohne weiteres ersetzen.

01

02

IMPFPASS BZW. EU-HEIMTIERAUSWEIS

Zum Welpen gehört ein Impfpass bzw. ein blauer EU-Heimtierausweis. Auf Seite 1 hat der ausstellende Tierarzt meist schon Ihren Züchter als Erstbesitzer eingetragen. Darunter tragen Sie nun Ihre eigenen Daten ein. Überprüfen Sie gemeinsam mit dem Züchter, ob die auf Seite 3 eingetragene oder aufgeklebte Chipnummer mit der Chipnummer Ihres Welpen übereinstimmt. Auf Seite 2 sind die Daten Ihres Hundes eingetragen, die mit den Angaben in der Ahnentafel und im Kaufvertrag übereinstimmen müssen. Ihr Welpe muss zum Zeitpunkt der Abholung beim Züchter bereits eine Grundimmunisierung gegen Staupe (S), Hepatitis (H), Parvovirose (P), Parainfluenza (Pi) und Leptospirose (L) erhalten haben, die auch im Impfausweis eingetragen wurde.

KAUFVERTRAG UND KOPIE DES WURFABNAHMEBERICHTS

Der Kaufvertrag wird nun von beiden Parteien unterzeichnet. Anschließend zahlen Sie den vereinbarten Kaufpreis. Je nach Zucht-

verein ist der Züchter verpflichtet, Ihnen zusammen mit dem Kaufvertrag auch eine Kopie des Wurfabnahmeberichts auszuhändigen.

INFORMATIONSMATERIAL DES ZUCHTVEREINS

Meist legen die Zuchtvereine noch weiteres Informationsmaterial für Welpenkäufer bei, wie z. B. eine Broschüre über Rassegeschichte und -standard, einen Aufnahmeantrag oder ein Freiexemplar des Clubmagazins.

WELPENMAPPE DES ZÜCHTERS

Viele Züchter machen es schon lange so, mittlerweile wird es auch durch das Tierschutzgesetz vorgeschrieben: Zu Ihrem Welpen gehört eine Mappe, in der Sie nicht nur Informationen über die Elterntiere, sondern auch Hinweise über Haltung, Fütterung und Gesundheit finden sollten. Dazu gehören vor allem ein Futter- und Entwurmungsplan sowie ein empfohlenes Impfschema. Viele Züchter geben darüberhinaus auch Tipps für die Eingewöhnung und die ersten Erziehungsschritte, Kontaktadressen und Leseempfehlungen.

03

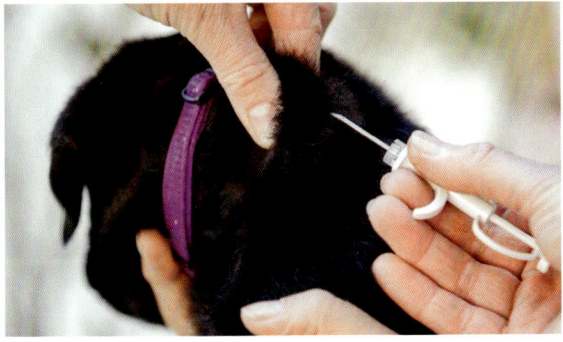

04

01 Auch die Gewichtsentwicklung der einzelnen Welpen wird im Wurfabnahmebericht festgehalten.

02 Vor dem Chippen und Impfen untersucht der Tierarzt den allgemeinen Gesundheitszustand der Welpen.

03 Der Mikrochip kann beliebig oft ausgelesen werden.

04 Er wird mithilfe einer Einwegspritze vom Tierarzt an der linken Nackenseite unter die Haut gesetzt.

WELPENFUTTER

Sollten Sie das gewohnte Futter nicht schon vorab besorgt haben, gibt Ihnen Ihr Züchter i. Allg. ein paar Rationen mit. Um sicherzugehen, dass die Fütterung Ihres Welpen in vertrauter Weise erfolgt, sollten Sie auch den Futterplan gemeinsam durchgehen.

DIE CHIPNUMMER

EIN UNVERÄNDERLICHES KENNZEICHEN

Ihr Labrador wurde bereits vor der Wurfabnahme von einem Tierarzt gechippt. Der etwa reiskorngroße Mikro-Transponder wird normalerweise an der linken Halsseite unter die Haut gespritzt. Die 15-stellige Identifikationsnummer, die mit einem entsprechenden Lesegerät abgelesen werden kann, ist einmalig und wird sowohl in der Ahnentafel als auch im Impfausweis vermerkt.

Sie können die Chipnummer zusammen mit Ihrer Adresse bei einem Haustierregister hinterlegen lassen. Sollte Ihr Labrador einmal verloren gehen, kann er anhand der Nummer schnell identifiziert und Ihre Adresse ausfindig gemacht werden. Eines der größten Haustierregister ist Tasso e. V. Mit wenigen Klicks können Sie unter www.tasso.net die Chipnummer Ihres Hundes mit Ihren Kontaktdaten speichern lassen. Die Registrierung ist kostenlos. Die Telefone bei Tasso sind rund um die Uhr besetzt.

EINE KRANKENVERSICHERUNG FÜR DEN HUND?

Verschiedene Versicherungsgesellschaften bieten auch Verträge für Hunde an. Grundsätzlich unterscheidet man zwischen Kranken- und OP-Versicherungen, die nur zahlen, wenn ein Hund unter Narkose behandelt werden musste. Da ältere Hunde häufig nicht mehr oder nur zu relativ hohen Preisen versichert werden, sollten Sie sich bereits bei Übernahme Ihres Welpen mit diesem Thema beschäftigen. Dabei sollten Sie das Preis-Leistungs-Verhältnis der verschiedenen Versicherungsangebote sorgfältig prüfen, bevor Sie sich entscheiden. Eine sinnvolle Alternative kann auch das regelmäßige Ansparen einer gewissen Summe für den Notfall sein.

DIE ERSTE ZEIT IM NEUEN ZUHAUSE

Zu Hause angekommen, zeigen Sie Ihrem Welpen als Erstes seinen künftigen Löseplatz. Entweder haben Sie dafür eine geeignete Stelle in Ihrem Garten hergerichtet, wie z. B. einen abgegrenzten, mit Rindenmulch aufgefüllten Bereich, oder Sie benutzen einen gut erreichbaren Ort in der Nähe Ihrer Wohnung, an dem sich Ihr Welpe lösen kann.

Je nach Situation sollten Sie ihn anfangs eventuell angeleint lassen, um zu verhindern, dass er sich einen anderen Platz sucht. Sobald er sein Geschäft verrichtet hat, sollten Sie ihm Gelegenheit geben, seine neue Welt zu erkunden. Begleiten Sie ihn auf seinen Erkundungsgängen, unterstützen Sie seine Neugier und helfen Sie ihm über ungewisse Situationen hinweg.

STUBENREINHEIT

Die Lösung dieser ersten gemeinsamen Erziehungsaufgabe lässt sich in drei einfachen Worten zusammenfassen: Aufmerksamkeit, Konsequenz und Ausdauer! Tragen Sie Ihren Welpen nach jedem Aufwachen, jedem Füttern und jedem Spielen zu seinem Löseplatz und loben Sie ihn ausgiebig, sobald er beginnt, sich zu lösen. Zeitgleich müssen Sie Ihren Welpen nun immer im Blick haben. Dazu ist es sinnvoll, wenn Sie ihm zu Anfang nicht Ihre ganze Wohnung zur Verfügung stellen. Schnell werden Sie seine Unruhe, sein suchendes Verhalten sowie die typische Rücken- und Rutenhaltung, die einem Geschäftchen vorausgehen, erkennen lernen.
Wenn Ihr Welpe nachts im Kennel schläft, wird er sich i. Allg. durch Winseln bemerkbar machen, sobald er muss. Bringen Sie ihn, nachdem er sich gelöst hat, wieder zurück in

Je genauer Sie Ihren Welpen in der Anfangszeit beobachten, desto schneller werden Sie das einem „Geschäft" vorausgehende Verhalten erkennen und handeln können.

seinen Kennel. Er soll lernen, dass nun nicht der richtige Zeitpunkt für eine Spielrunde ist. Wie schnell Ihr Welpe stubenrein wird, hängt entscheidend von Ihrer Aufmerksamkeit und Beobachtungsgabe ab. Grundsätzlich gilt: Lieber einmal zu oft zum Löseplatz getragen, als einmal zu wenig! Sollte dennoch ein Malheur passieren heißt es: Pech gehabt! Reinigen Sie die Stelle gründlich und benutzen Sie dabei eine biologische Waschmittellösung. Hochprozentiger Alkohol hilft verlässlich, den Geruch zu entfernen. „Strafe" hat grundsätzlich nur dann einen Sinn, wenn Sie

Ihren Welpen auf frischer Tat ertappen, d. h. während des Lösens. Beschränken Sie sich dann jedoch trotzdem nur auf ein „scharfes" Nein und tragen Sie ihn kommentarlos nach draußen. Ein nachträgliches Strafen ist vollkommen sinnlos, weil Ihr Welpe keine Möglichkeit hat, das gewünschte Verhalten zu verknüpfen. Seien Sie stattdessen in Zukunft lieber noch aufmerksamer! Manche Welpen urinieren auch vor Aufregung und Freude beim Eintreffen geliebter Personen oder im Rahmen von Unterwürfigkeitsgesten gegenüber älteren Artgenossen. Auch hier ist ein Strafen vollkommen unangemessen, denn der Welpe reagiert rein instinktiv. Wesentlich sinnvoller wäre es, die konkrete Situation in Zukunft so zu gestalten, dass es nicht zu einem Fehlverhalten kommen kann. Eine gute Möglichkeit wäre z. B., die auslösende Begrüßungssituation in den Garten zu verlegen.

Ein vollständiges Entfernen von Kotresten auf Gras ist fast unmöglich. Rindenmulch oder Sand eignen sich gut als Abdeckschicht einer Lösestelle.

Manche Welpen neigen dazu, bei sozialen Kontakten wie dem Begrüßen, vor Aufregung oder Unterwürfigkeit unwillkürlich zu urinieren.

Ein optimal ernährter Welpe darf weder zu dick noch zu dünn aussehen – seine Rippen dürfen nicht zu sehen, müssen aber gut zu ertasten sein. Brauner Welpe aus Standardlinien.

FÜTTERUNG DES WELPEN

Normalerweise hat Ihnen Ihr Züchter einen Futterplan und das gewohnte Futter für einige Tage mitgegeben. An diese Vorgaben sollten Sie sich halten, bis sich Ihr Welpe an seine neue Umgebung und seinen neuen Tagesablauf gewöhnt hat. Auch für einen gesunden Welpen bedeutet die Umstellung körperlichen Stress, der die körpereigene Immunabwehr beeinträchtigen kann. Deshalb sollten unnötige weitere Belastungen, wie z. B. ein Futterwechsel, vermieden bzw. auf einen späteren Zeitpunkt verschoben werden.

Wird Ihr Welpe mit Trockenfutter ernährt, sollten Sie bereits morgens die gesamte Tagesration abwiegen, sie in die täglich benötigten einzelnen Mahlzeiten aufteilen und kurz vor dem Füttern mit warmem Wasser anfeuchten. Üblicherweise geben Sie von der 8. bis zur 12. Woche über den Tag verteilt vier Mahlzeiten. Auch die zur Erziehung benötigten Leckerchen können der Tagesration entnommen werden. Hunde, die mit Trockenfutter ernährt werden, müssen immer frisches Wasser zur Verfügung haben. Ab einem Alter von ca. 4 Monaten sollten Sie vom Welpen- auf ein Junior-Futter mit deutlich geringerem Rohproteingehalt wechseln.

KEINE FUTTERZUSÄTZE BEI VOLLNAHRUNG

Bei Fütterung mit Vollnahrung dürfen keine zusätzlichen Kalk- oder Mineralfutterzusätze verabreicht werden. Ein „Zuviel" ist genauso schädlich wie ein „Zuwenig". Beides erhöht im Wachstum die Gefahr für die Entwicklung von Knochen- bzw. Gelenkproblemen.

Gelber Welpe aus Field-Trial-Linien mit etwas leichterem Körperbau. Eine Gewichtstabelle mit der rassetypischen Bandbreite finden Sie auf Seite 50.

SELBSTGEMACHTES FUTTER

Sie können Ihren Welpen nun auch nach und nach auf selbst gemachtes Futter umstellen. Dabei bieten sich beispielsweise Rationen aus rohem oder gekochtem Fleisch (**kein rohes Schweinefleisch!** Siehe S. 62) mit verschiedenen Beilagen, wie Gemüseflocken, Mixer, geriebenen Karotten, Quark, Hüttenkäse, Reis, Haferflocken sowie Mineralfutterzusätzen an. Zur optimalen Verwertung fettlöslicher Vitamine sollte immer auch etwas Öl zugegeben werden. Um den Anforderungen eines im Wachstum befindlichen Junghundes gerecht zu werden, müssen selbst zubereitete Rationen penibel zusammengestellt werden. Informieren Sie sich deshalb sorgfältig. Literaturempfehlungen finden Sie auf S. 141.

Bei jedem Futterwechsel sollten Sie zunächst wenig und dann immer mehr von dem neuen unter das gewohnte Futter mischen, bis Sie schließlich nur noch das neue Futter füttern.

DIE FUTTERMENGE

Halten Sie sich auch bezüglich der Futtermenge zunächst an die Vorgaben Ihres Züchters. Sollten Sie keine bekommen haben, müssen Sie auf die Angaben des Futtermittelherstellers zurückgreifen. Entfernen Sie grundsätzlich alles Futter, das nach 10 Minuten Fütterungszeit noch übrig geblieben ist, und reduzieren Sie die nächste Mahlzeit entsprechend. Ihr Welpe soll sich nach dem Fressen gut gefüllt, aber nicht zum Platzen voll anfühlen. Er darf weder zu dünn aussehen, noch zu dick sein.

Ein dauerhaftes Überangebot führt zunächst zu einem schnelleren Wachstum. Dies stellt, neben der erblichen Disposition, eines der Hauptrisiken für die Entstehung von HD- und ED-Erkrankungen dar und sollte deshalb vermieden werden. Auch Welpen bzw. Junghunde, die langsam wachsen, erreichen letztlich ihre genetisch fixierte Endgröße.

Der Kennel dient als sicherer Rückzugsort für den Welpen. Er sollte jedoch besser in einer Größe gewählt werden, die später auch dem erwachsenen Labrador ausreichend Platz bietet.

In der unten stehenden Tabelle finden Sie als Richtlinie die typische Gewichtsspanne für Welpen im Lauf ihrer Entwicklung. Es handelt sich hierbei um Durchschnittsangaben, die auf viele Labradors zutreffen. Natürlich spielen dabei auch die individuelle Größe und der Knochenbau eine Rolle. Hunde aus Field-Trial-Linien liegen meist eher an der unteren, Hunde aus Standardlinien an der oberen Grenze. Ob Ihr Labrador optimal ernährt wird, können Sie am ehesten feststellen, wenn er in etwa das seinem Alter entsprechende Gewicht aufweist.

LABRADOR-GEWICHTE

ALTER IN WOCHEN	HÜNDIN	RÜDE
8	5–6 kg	6–8 kg
12	9–10 kg	10–12 kg
24	20–24 kg	22–25 kg
52	25–30 kg	26–36 kg

GRENZEN SETZEN

Auch wenn es gerade in der ersten Zeit besonders wichtig ist, Vertrauen und Bindung zu Ihrem Welpen aufzubauen, müssen Sie ihm doch von Anfang an die sozialen Spielregeln seiner „neuen" Welt bewusst machen. Naturgemäß gibt es sehr viele Dinge, die Ihr Welpe im neuen Heim nicht tun darf, wie z. B. Kabel annagen, aufs Sofa springen, an der Tischdecke ziehen, mit den Gardinen spielen und vieles mehr.

Das Setzen von Grenzen erfordert Konsequenz und ein Gefühl für den richtigen Zeitpunkt. Verwenden Sie zum Abbruch unerwünschter Handlungen immer das gleiche Signal. Da für Hunde das Anerkennen einer sozialen Ordnung Normalität ist und jeder gut geprägte Welpe i. Allg. bereits durch seine Mutter und seine Wurfgeschwister Sozialkompetenz erfahren hat, wird es Ihrem Welpen nicht schwerfallen, die neuen Regeln zu akzeptieren (Näheres siehe S. 79 ff.).

ALLEINBLEIBEN UND KENNEL-GEWÖHNUNG

DER ZIMMERKENNEL – RÜCKZUGSORT UND ERZIEHUNGSHILFE

Die Philosophie, die hinter dem Einsatz eines Zimmerkennels steht, versteht ihn nicht als eine Art „Minizwinger", sondern ausschließlich als Rückzugsmöglichkeit und Trainingshilfe. Voraussetzung ist demnach, dass Ihr Welpe den Kennel von Anfang an positiv verknüpft. In dem Moment, in dem Sie ihn als „Strafmaßnahme" missbrauchen, verliert er in jeglicher Hinsicht seinen Wert. Oberstes Ziel ist also, dass Ihr Welpe gerne in seinen Kennel geht und sich darin wohlfühlt. Ein kurzfristiger Verbleib darin sollte für ihn zur Normalität gehören. Dies setzt neben einem geeigneten Standort auch eine angepasste Größe des Kennels voraus, die ihm eine gewisse Bewegungsfreiheit gewährt.

DIE GEWÖHNUNG AN DEN KENNEL

Die Gewöhnung an den Aufenthalt im Kennel gelingt am einfachsten, wenn Ihr Welpe bereits müde ist. Geben Sie ihm etwas Leckeres zum Kauen mit in den Kennel, das ihn noch eine Weile beschäftigen wird. Schläft er anschließend ein, sollten Sie ihn unmittelbar nach dem Aufwachen zunächst für sein ruhiges Verhalten bestätigen und ihn dann umgehend zu seinem Löseplatz bringen. Beginnt er jedoch lautstark zu protestieren, müssen Sie Ihre erste Bewährungsprobe in Sachen Konsequenz bestehen. Nur wenn Sie seinen Protest vollkommen ignorieren, kann er lernen, dass ein Verhalten dieser Art zu keinerlei Erfolg führt. Vollkommene Ignoranz schließt sowohl mitleidige Blicke als auch vermeintlich gutgemeinte, beruhigende Worte aus. Auch wenn es Ihnen noch so schwerfällt, halten Sie durch! Denn nur wenn Sie seinem Verhalten keinerlei Bestätigung (in positiver wie auch negativer Art) zukommen lassen, wird er es irgendwann einstellen. Genau in diesem Moment müssen Sie dann zeitnah aktiv werden! Sobald sein Protest verstummt, müssen Sie ihn unverzüglich (**innerhalb von 2 Sekunden!**) für sein ruhiges Verhalten positiv bestätigen. Nur so kann er das erwünschte Verhalten mit der Bestätigung verknüpfen (Näheres ab S. 79).

DAS ALLEINBLEIBEN

Sobald Ihr Welpe sich an seinen Kennel gewöhnt hat, können Sie auch mit dem Training des Alleinbleibens beginnen. Geben Sie Ihrem Welpen dazu auch weiterhin einen besonderen Leckerbissen mit in den Kennel, bevor Sie die Tür schließen und den Raum für einen kurzen Moment verlassen. Je nach Temperament Ihres Welpen sollten Sie ihn anfangs nur sekundenweise alleine lassen. Bleibt er ruhig, gehen Sie zurück und bestätigen ihn für sein Verhalten. Beginnt er jedoch bereits zu protestieren, während Sie noch den Raum verlassen, müssen Sie stand-

haft bleiben und sein Verhalten so lange ignorieren, bis er sich wieder beruhigt hat und Sie ihn dann für das erwünschte Verhalten bestätigen können. Das gleiche Prinzip gilt auch, wenn er beginnt, während Ihrer Abwesenheit zu protestieren. Allerdings können Sie in diesem Fall in der Regel davon ausgehen, dass Sie ihm einfach zu viel zugemutet haben. Reduzieren Sie deshalb die Zeit Ihrer Abwesenheit wieder so weit, wie es Ihr Welpe gerade noch toleriert. Anschließend können Sie die Verbleibe-Zeit schrittweise wieder ausdehnen. Auf diese Weise wird Ihr Welpe zwei Dinge sehr schnell lernen: erstens, dass es im Kennel immer eine besondere Leckerei gibt und zweitens, dass Sie immer wieder zu ihm zurückkommen. Derart positiv aufgebaut wird Ihr Welpe einen kurzfristigen Verbleib im Kennel, der in Ihrer Abwesenheit letztlich auch seiner eigenen Sicherheit dient, schnell akzeptieren und voller Erwartung auf eine Leckerei hineinspringen.

KONSEQUENZ
Das Setzen von Grenzen bedarf keiner körperlichen Strenge, sondern ausschließlich Ihrer Konsequenz, dass eine einmal aufgestellte Regel auch eingehalten werden muss.

Lassen Sie Ihren Welpen nicht aus dem Kennel herausstürmen, sondern halten Sie ihn mit der Hand zurück und geben Sie ihn mit einem Auslösungssignal frei.

Ihr Welpe sollte anfangs seine Umwelt erfahren können ohne selbst große Strecken zurücklegen zu müssen!

ENTSPANNEN LERNEN

Der Zimmerkennel kann auch als Signal für sogenannte „Auszeiten" dienen. Wenn Ihr Welpe aufgrund seines überschäumenden Temperaments dazu neigt, sich völlig zu verausgaben und sich nur schwer wieder beruhigen lässt, können Sie ihn mithilfe des Kennels auch sanft zur Ruhe und Entspannung „zwingen". Welpen brauchen für eine gesunde Entwicklung ausreichend lange Ruhephasen, deshalb ist es wichtig, dass Ihr Welpe lernt, sich zu entspannen. Gehen Sie beim Initiieren des Signals „Kennel = Auszeit" genau so vor wie beim Training des Alleinbleibens und ignorieren Sie unter allen Umständen eventuelles Protestgeschrei. Hat Ihr Welpe bereits früh gelernt eine Auszeit zu akzeptieren, wird Ihnen dies nicht nur im täglichen Leben, sondern auch in seiner weiteren Ausbildung von großem Nutzen sein!

AUTOFAHREN

Die meisten Labradors fahren leidenschaftlich gerne Auto und vertragen es gut. Sollte Ihr Welpe auf der Heimfahrt vom Züchter noch lautstark protestiert haben, wird er sich wahrscheinlich schnell beruhigt haben und

friedlich eingeschlafen sein. Sobald er sich in seinem neuen Zuhause eingelebt hat, sollten Sie ihn zur weiteren Gewöhnung zunächst auf kürzere Fahrten mitnehmen, vorzugsweise mit für ihn interessanten Zielen. Denken Sie dabei immer an eine sichere Unterbringung sowie an Wasser für unterwegs.

Sollte Ihr Labrador wider Erwarten deutliches Unbehagen beim Autofahren zeigen, müssen Sie versuchen, das Thema „Auto" möglichst positiv zu belegen. Typische Anzeichen einer Reiseübelkeit sind z. B. Unruhe, Zittern, vermehrter Speichelfluss oder Erbrechen. Hilfreich für eine „Desensibilisierung" können folgende Tipps sein:

— Ein- und aussteigen lassen ohne zu fahren, im Auto spielen oder füttern, dabei evtl. kurz den Motor anlassen und wieder abstellen.

— Vor Fahrtantritt nicht füttern und während der Fahrt nicht aus dem Fenster sehen lassen.

— Verschiedene Fahrtpositionen ausprobieren (z. B. im Beifahrerfußraum, auf der Rückbank oder im Kofferraum).

— Mit Körperkontakt zu einer vertrauten Person positionieren.

— Mit sehr kurzen Strecken beginnen und am Ende der Fahrt stets etwas für den Hund sehr Angenehmes tun, wie spazierengehen, spielen usw.

— Bei längeren Fahrten häufiger Pausen einlegen.

SONNE IST GEFÄHRLICH!

Bei Sonneneinstrahlung heizen sich Fahrzeuge sehr schnell auf. In kürzester Zeit können selbst bei Außentemperaturen von nur 20 °C Grad im geschlossenen Auto Temperaturen von über 50 ° C erreicht werden, die für Hunde schnell zu einem qualvollen Tod führen können. Daher dürfen Hunde im Sommer niemals längere Zeit im Auto alleine gelassen werden, auch wenn es zunächst vermeintlich noch im Schatten geparkt ist.

BEWEGUNG

Selbstverständlich soll Ihr Welpe sich bewegen, aber er sollte nicht aktiv bewegt werden! Das bedeutet, dass er noch keine Spaziergänge im eigentlichen Sinn benötigt. Sein natürliches Folgeverhalten würde ihn vielmehr veranlassen, Ihnen überall hin nachzugehen, auch wenn er körperlich schon völlig überfordert wäre. Setzen Sie sich deshalb besser mit ihm auf eine Wiese, in den Wald, an einen kleinen Bachlauf oder ein flaches Seeufer und lassen Sie ihn die Umgebung erkunden. Erst wenn Ihr Labrador ein Jahr alt ist und die Röntgenergebnisse ihm gesunde Hüften und Ellbogen attestiert haben, ist er voll belastbar. Dann kann er längere Wanderungen mitmachen und zum Joggen, Fahrradfahren oder Reiten mitgenommen werden.

Um seine Gelenke zu schonen, sollte Ihr Welpe auch weder unkontrolliert Treppen laufen noch aus dem Auto springen. Solange es möglich ist, sollten Sie ihn tragen bzw. heraus- oder hineinheben. Ist er dafür zu schwer geworden, leinen Sie ihn an und lassen ihn kontrolliert die Treppe hinauf- oder heruntergehen.

WELPENGRUPPEN

Es gibt Welpengruppen sehr unterschiedlicher Qualität. Daher ist zu empfehlen, sich zunächst ohne Hund ein Bild zu machen.

Bei gut organisierten Welpengruppen werden i. Allg. zwei Drittel der Zeit dazu genutzt, die Welpen spielerisch zu „trainieren". Mithilfe kleiner Basisübungen, wie z. B. dem Heranrufen oder dem Sitzen und Warten vor dem Ableinen, kann die Mensch-Hund-Kommunikation geübt und verbessert werden.

Das Meistern kleiner Herausforderungen, wie z. B. das Gehen über eine Wippe oder einen Steg, hilft Bindung und Vertrauen aufzubauen. Die verbleibende Zeit wird meist dem freien Spiel zwischen Art- und Altersgenossen gewidmet. Doch auch dabei sollten bestimmte Regeln gelten, um eine sinnvolle Prägung sicherzustellen.

Sogenannte Prägungs- oder Abenteuerspaziergänge bieten Ihnen und Ihrem Welpen die Möglichkeit, gemeinsam verschiedenste Umwelteindrücke zu sammeln. Reagiert er verunsichert, sollten Sie ihm durch Ihr unbeirrtes Verhalten Sicherheit vermitteln.

WIE VIEL BEWEGUNG
— braucht ein Labrador-Welpe?

01

02

Ausprägung und Schweregrad genetisch bedingter Erkrankungen werden nicht unwesentlich von der Belastung der Gelenke während des Wachstums beeinflusst. Jungwölfe beginnen erst im Alter von 8 bis 9 Monaten das Rudel auf größeren Streifzügen zu begleiten. Bis dahin besteht ihr Tagesablauf aus kurzen Bewegungsintervallen mit größeren Schlaf- und Ruhepausen. Haushunde-Welpen verfügen i. Allg. über ein hohes Temperament, einen ausgeprägten Spieltrieb und werden mit sehr energiereichem Futter ernährt. Dies führt häufig zu einem erheblichen Energieüberschuss und gesteigerten Bewegungsdrang. Der Versuch diesen durch ausgiebige Spaziergänge zu befriedigen, führt in einen Teufelskreis, denn die immer besser werdende Kondition verlangt nach immer mehr Bewegung. Wachsende Gelenke und Knochen leiden jedoch nicht nur unter Spitzenbelastungen, wie sie beim Springen, Spielen und Apportieren auftreten, sondern auch, wenn der Erschöpfungspunkt der Muskulatur durch vermeintlich moderate Laufbewegungen überschritten wird. Ein gesundes, der Entwicklung des Welpen zuträgliches Mittelmaß ist deshalb erstes Gebot! **Dr. Susanne Wisniewski, Fachtierärztin für Orthopädie, Kleintierklinik Iffezheim**

01 – 05 Grundsätzlich gilt, dass Sie Ihren Welpen körperlich kaum unter-, aber sehr leicht überfordern können. Zwischen dem 4. und 8. Lebensmonat durchläuft der Hund eine Phase intensivsten Knochenwachstums. In dieser Zeit ist es besonders wichtig, ihn sich bewusst bewegen oder spielen zu lassen.

„Welpen sollen sich bewegen, aber nicht bewegt werden."

03　05

BEWEGUNGSFORMEL FÜR LABRADOR-WELPEN

Bis zum 6. Lebensmonat:
5 Minuten pro Lebensmonat – 3 x täglich

Ab dem 6. Lebensmonat:
Das Bewegungspensum wird nun bis zum Abschluss des Wachstums nicht weiter gesteigert. Die ermittelte Minutenzahl bezieht sich auf moderate Spaziergänge, in denen kein oder wenig Spiel mit anderen Hunden oder Beutespiel stattfindet. Das Spiel mit anderen Hunden ist für eine artgerechte Entwicklung nötig, muss aber pädagogisch sinnvoll und wohldosiert stattfinden. Unorganisierte Welpen-Spielgruppen haben keinen Nutzen, sondern schaden der Gesundheit.

04

☞ REGELN FÜR DIE ERSTEN APPORTIERVERSUCHE

01	Das Apportieren erfolgt in den ersten Wochen nur spielerisch und hat nichts mit dem korrekten, disziplinierten Apportiertraining eines erwachsenen Retrievers zu tun!
02	Bestätigen Sie jedes Aufnehmen, Tragen und Bringen positiv – unabhängig von der Art der Beute!
03	Nehmen Sie sich notfalls einen Einmalhandschuh und eine kleine Plastiktüte mit, um dem Welpen auch für Sie unangenehme „Beute" mit Freude abnehmen zu können.
04	Die Grenze zwischen Fördern und Überfordern verläuft in der Welpenzeit fließend. Je nach Temperament Ihres Welpen müssen Sie unterschiedlich agieren. Für einen triebstarken Welpen reicht eine Apportierübung wöchentlich mit zwei bis drei Apporten vollkommen aus. Sein Übungsschwerpunkt sollte schon früh das geduldige „Abwarten" sein. Bei einem triebschwächeren Welpen sollten Sie das Beuteverhalten hingegen frühzeitig fördern, indem Sie ihn z. B. mit „bewegter" Beute animieren.
05	Wählen Sie anfangs immer einen dem Alter angepassten, weichen Apportiergegenstand, wie z. B. ein Welpen-Dummy (250 g). Das Spielen mit Holzstöcken ist nicht nur aus Verletzungsgründen abzulehnen, es verleitet, ebenso wie Quietsch-Spielzeuge, auch zum Festzupacken und Knautschen. Gleiches gilt für Zerrspiele.

ERSTE GEMEINSAME AKTIVITÄTEN

EIN BESONDERES SPIEL – DAS BRINGEN

In der Regel neigen Labrador-Welpen dazu, alles herumzutragen, was sie finden. Gleichgültig, ob es sich dabei um Ihre neuen Designerschuhe oder einen halb verwesten Vogel handelt, vermeiden Sie unter allen Umständen, den Welpen in seinem angeborenen Bringverhalten zu frustrieren und tadeln Sie ihn niemals, wenn er – was auch immer – im Fang trägt! Im Gegenteil, bestätigen Sie ihn und freuen Sie sich, dass Sie einen apportierfreudigen Hund haben!

Gehen Sie in die Hocke und versuchen Sie, ihn zu sich zu locken. Kommt er, greifen Sie keinesfalls sofort nach dem apportierten Gegenstand, sondern streicheln Sie Ihren Welpen und behalten Sie ihn bei sich. Sollte er wegstreben wollen, nehmen Sie ihn mitsamt seiner „Beute" auf den Arm. Bestätigen Sie ihn für das Festhalten und nehmen Sie ihm den Gegenstand sanft mit dem Signal „Aus" ab, bevor er ihn fallen lässt.

DAS INTERESSE WECKEN

Zeigt Ihr Welpe wider Erwarten kein großes Interesse, sollten Sie beginnen, seinen Spaß am Apportieren gezielt zu fördern. Wählen Sie dazu am besten seinen bevorzugten Spielgegenstand und versuchen, ihn durch Bewegung interessant zu machen.

Das spielerische Apportieren steht im Welpenalter im Mittelpunkt!

Die lange Wurfkordel des Dummys ermöglicht zwar weite Würfe, birgt aber die Gefahr, dass der Welpe darauf tritt, was gerade im Zahnwechsel zu einer Negativverknüpfung führen könnte. Ähnliches gilt auch, wenn ihn während des schwungvollen Apportierens die Kugel am Ende der Kordel unerwartet trifft.

Gelingt es Ihnen, sein Beuteverhalten zu wecken, können Sie den Gegenstand aus der Bewegung heraus ein bis zwei Meter wegwerfen. Bestätigen Sie Ihren Welpen bereits für das Hinterherrennen. Nimmt er den Gegenstand sofort auf, loben Sie ihn ruhig, gehen in die Hocke und versuchen Sie, ihn zu sich zu locken. Wenn Sie ihn zu überschwänglich loben, kann es passieren, dass er den Gegenstand vor lauter Begeisterung sofort wieder fallen lässt und ohne zurückkommt. Sparen Sie sich Ihr ausgiebiges Lob deshalb lieber für den Moment auf, in dem er mitsamt seiner Beute bei Ihnen ankommt. Greifen Sie nun nicht sofort nach der Beute! Loben und bestätigen Sie ihn vielmehr zuerst für das Kommen und das Halten. Nehmen Sie ihm dann die Beute vorsichtig mit dem Signal „Aus" ab, loben Sie ihn für die Abgabe und geben ihm die Beute für einen kurzen Moment wieder, bevor Sie sie ihm endgültig abnehmen und wegstecken.

Rennt Ihr Welpe dem Gegenstand zwar hinterher, verliert aber vor Ort sofort wieder das Interesse, müssen Sie kreativ werden. Entweder Sie wechseln den Motivationsgegenstand oder Sie versuchen das Interesse des Welpen zu wecken, indem Sie sich dem Gegenstand mit besonderer Aufmerksamkeit widmen, ohne dass Ihr Welpe zunächst die Möglichkeit bekommt, in seinen Besitz zu kommen. Wichtig ist dabei, dass Ihr Welpe auch keine Gelegenheit bekommt, sein Beuteverhalten durch herumliegende Spielzeuge selbst zu befriedigen.

DAS KOMMEN MIT „BEUTE"

Lässt sich Ihr Welpe mit seiner „Beute" nicht heranlocken, sondern versucht er, sie in Sicherheit zu bringen, wählen Sie eine Übungsumgebung, in der er weder ausweichen noch sich verstecken kann, wie z. B. in einem schmalen Flur. Folgen Sie Ihrem Welpen niemals, da er auf diese Weise nur lernt, dass er Sie zu einem „Fangspiel" animieren kann. Sollte er versuchen, an Ihnen vorbeizurennen, fangen Sie ihn ab, nehmen ihn mitsamt seiner Beute auf den Arm und streicheln

01

02

ihn beruhigend, ohne dabei in die Nähe seiner Beute zu kommen. Versuchen Sie ihm zu vermitteln, dass das Beuteteilen auch positive Seiten hat, indem Sie z. B. einen Tausch (Beute gegen Futter) anbieten. Dabei müssen Sie jedoch strikt auf Ihr Timing achten: Bieten Sie ihm das Leckerchen immer erst *nach* der Abgabe an! Ansonsten kann es passieren, dass Ihr Welpe den apportierten Gegenstand schon in Erwartung des Leckerchens fallen lässt.

Legt sich Ihr Welpe hingegen in einiger Entfernung hin und beginnt an der Beute zu kauen, unterbrechen Sie das Spiel, indem Sie aufstehen und gehen. Er wird schnell merken, dass alleine spielen langweilig ist.

03

04

DAS FESTHALTEN

Hält Ihr Welpe seine Beute bereits fest, bis Sie sie ihm mit dem Signal „Aus" abnehmen, bestätigen Sie sowohl das Halten als auch die Abgabe. Lässt er sie fallen, machen Sie sie so interessant, dass er sie nochmals selbstständig aufnimmt. Bestätigen Sie das erneute Aufnehmen und lassen Sie ihn die Beute kurz halten, bevor Sie sie ihm vorsichtig abnehmen.

Nimmt er die Beute trotz aller Bemühungen nicht wieder auf, stecken Sie sie einfach wortlos weg. Oftmals ist es besser noch etwas zu warten, denn jede Art von Druck oder Zwang könnte leicht zu einer Negativverknüpfung führen.

Neigt Ihr Welpe grundsätzlich dazu, den Apportiergegenstand vor Ihnen abzulegen, versuchen Sie ihm zuvorzukommen. Dazu müssen Sie Ihren Welpen genau beobachten. Sobald Sie merken, dass er dazu ansetzt, drehen Sie sich um und entfernen sich. Versuchen Sie sich hinter einer Ecke oder einem Busch zu verstecken. Folgt er Ihnen und befindet sich plötzlich unmittelbar vor Ihnen, haben Sie die Möglichkeit, ihm zuvorzukommen und ihn für das Bringen und Halten zu bestätigen.

Wichtig! Im Mittelpunkt der ersten Apportierübungen im Welpenalter sollte immer das freudige und vertrauensvolle Bringen, keineswegs aber das perfekte Apportieren stehen.

01 – 03 *Ein in Bewegung versetzter, interessanter Motivationsgegenstand (wie z. B. ein kleines Fell-Dummy) kann rasch helfen, das Beuteverhalten Ihres Welpen zu wecken.*

04 *Greifen Sie niemals sofort nach der Beute! Loben und bestätigen Sie Ihren Welpen zunächst für das Kommen und Halten, bevor Sie ihm die Beute vorsichtig mit dem Signal „Aus" abnehmen.*

FÜR EIN LANGES HUNDELEBEN

— Ernährung, Pflege und Gesundheitsvorsorge

ERNÄHRUNG

Es gibt heute ganz unterschiedliche Möglichkeiten, einen Hund zu ernähren. Je nachdem, ob Sie Trocken-, Nassfutter oder B.A.R.F. bevorzugen, der Handel bietet ein breites Sortiment, mit dem Sie Ihren Hund gesund und ausgewogen füttern können.

Jeder Hund hat in Abhängigkeit seiner Größe, seines Alters und seiner Aktivität einen individuellen Bedarf an Energie, Nährstoffen, Vitaminen und Spurenelementen. Jede Ernährungsform, die diesen Bedarf optimal deckt, gilt als gesund. Jede, die zu einer Über- oder Unterversorgung führt, kann den Hund auf Dauer krankmachen.

Neben einer optimalen Zusammensetzung ist beim Labrador auch streng auf eine angepasste Futtermenge zu achten. Als Faustregel gilt: Die Rippen sollten nicht zu sehen, aber gut zu ertasten sein!

TROCKENFUTTER

Wahrscheinlich werden die meisten Hunde in Deutschland mit Trockenfutter gefüttert. Das handelsübliche Sortiment bietet Produkte für kleine und große Rassen, Welpen, aktive Hunde, Senioren, tragende bzw. säugende Hündinnen sowie für Hunde mit diversen Unverträglichkeiten oder Schonkostbedürfnissen an. Die Vorteile sind unübersehbar: Trockenfutter ist einfach zu handhaben, relativ geruchsneutral und in der Regel vollwertig und ausgewogen. Auch wenn es in allen Preisklassen und Qualitäten angeboten wird, bedeutet teuer nicht immer sehr gut. Deshalb lohnt sich auch ein Blick auf die Inhaltsangaben. Entscheiden Sie sich am besten für ein Futter, in dem alle Inhaltsstoffe voll deklariert sind. Die üblicherweise auf der Verpackung abgedruckte Rationsberechnung stellt i. Allg. nur eine Richtlinie für die Bemessung einer Futterportion dar, die dann individuell angepasst werden muss.

NASSFUTTER

Qualitativ hochwertige Nassfutter gelten als ausgewogene, vollwertige Futtermittel. Sie enthalten einen Feuchteanteil von bis zu 82 %, weshalb Sie vergleichsweise große Mengen benötigen, die transportiert und aufbewahrt werden müssen. Um die gewünschte Konsistenz zu erreichen, werden Binde- und Geliermittel zugesetzt. Vor einer übermäßigen Belastung des Verdauungstrakts schützt ein Rohfaseranteil von mindestens 0,4 %.

Labradors fressen leidenschaftlich gerne.

Trockenfutter sollte kühl, trocken und dunkel gelagert werden sowie keinen großen Temperatur-schwankungen ausgesetzt sein. Bewährt haben sich dicht verschließbare Futtercontainer aus Kunststoff, die auch vor einem Befall durch Insekten oder Nager schützen.

B.A.R.F. (BIOLOGISCH ARTGERECHTES ROHES FUTTER)

Meist handelt es sich um aus rohem Fleisch (auch Schlachtabfälle), Öl, frischem Gemüse und Obst zusammengestelltes Futter, das direkt verfüttert wird. Im Unterschied zu Fertigfuttermitteln muss jede Ration genau berechnet werden, damit sie ausgewogen ist. Daher verlangt die richtige Zusammenstellung nicht nur ein solides Grundwissen über die Ernährung des Hundes, sie ist auch aufwändiger und vor allem fehleranfälliger. Alternativ bieten sich Mixprodukte an, denen nur noch die passende Menge Fleisch hinzugegeben werden muss. Nur frische Zutaten garantieren, dass sie frei von Konservierungs- und Zusatzstoffen sind. Informieren Sie sich, bevor Sie Ihren Labrador barfen. Es gibt gute Bücher und auch Ernährungsberater, die individuelle Futterpläne erstellen.

VORSICHT, SCHWEINEFLEISCH!

Sollten Sie sich für die Fütterung von rohem Fleisch entscheiden, gilt:
— Verfüttern Sie niemals rohes Schweinefleisch, da sich Ihr Hund mit dem Virus der Aujeszky'schen Krankheit infizieren kann, die für ihn innerhalb von 24 bis 48 Stunden tödlich endet!
— Seien Sie deshalb auch vorsichtig beim Kauf von Tatar beim Metzger! Am besten kaufen Sie immer ein ganzes Stück Fleisch und drehen es zu Hause selbst durch. Für eine Verseuchung des Fleisches mit dem Aujeszky-Virus reicht es aus, wenn der Metzger zuvor Schweinefleisch durchgedreht hat!

KAUARTIKEL

Empfehlenswert sind Platten, Rollen oder Stangen aus Rinder(kopf)haut sowie Rinder-, Lamm- oder Kaninchenohren. Wer es geruchsärmer liebt, entscheidet sich für Geweihstücke aus Abwurfstangen. Sie splittern nicht, halten lange und sind geruchsneutral. Allerdings sollten Sie darauf achten, dass sie nicht zu spitze Ende haben. Kauwurzeln aus unbehandeltem Heidewurzelholz sind extrem widerstandsfähig und bieten einen unbedenklichen, dauerhaften Kauspaß für Hunde jeden Alters.

Wichtig: Achten Sie stets auf eine angemessene Größe aller Kauartikel!

PFLEGE UND GESUNDHEIT

Der Labrador ist ein sehr pflegeleichter Hund. Selbst Ausstellungshunde können mit wenigen Handgriffen in Topform für Publikum und Richter gebracht werden.

GEPFLEGT VON KOPF BIS PFOTE

Ein dichtes, schimmerndes Fell und klare glänzende Augen sind der Spiegel seiner Seele! Neben einer sinnvollen Ernährung trägt auch die richtige Pflege entscheidend zum Wohlbefinden Ihres Labradors bei. Neben dem „Pflegeakt" an sich, besitzt sie auch eine soziale Komponente, die sich positiv auf die Bindung Ihres Hundes auswirkt. Ein regelmäßiges Abtasten des ganzen Körpers sollte für ihn ebenso selbstverständlich sein, wie die Kontrolle der Krallen, Augen, Ohren und Zähne. Aus diesem Grund ist es sinnvoll, wenn Sie bereits Ihren Welpen daran gewöhnen. Dies zahlt sich später insbesondere auch bei Tierarztbesuchen aus.

AUGEN

Gesunde Augen benötigen keine Pflege. Tränen die Augen, könnte die Ursache sowohl in einer erblich bedingten Fehlbildung (Entropium oder Ektropium) liegen oder durch eine Infektion bzw. einen Fremdkörper verursacht sein. Sicherheitshalber ist deshalb ein Besuch beim Tierarzt angeraten. Zum Einbringen von Salben oder Tropfen ziehen Sie das untere Lid leicht ab, sodass eine kleine Tasche entsteht, in die das Medikament hineingegeben werden kann.

OHREN

Da die Ohren des Labradors den Gehörgang gut abdecken und dabei die Luftzirkulation beeinträchtigen können, erfordern sie eine regelmäßige Kontrolle. Viele Labradors zeigen selbst chronische Entzündungen weder durch ein Schiefhalten des Kopfes noch durch Schütteln an. Sind die Ohren sauber und riechen unauffällig, ist alles in Ordnung. Finden sich hingegen dunkle Beläge oder typische Entzündungszeichen, ist ein Besuch beim Tierarzt angezeigt. Dieser wird i. d. R. einen Ohrreiniger und je nach Bedarf auch Medikamente gegen Pilze oder Milben verschreiben. Die Ohren müssen dann zunächst mit einem Taschentuch und der Reinigungsflüssigkeit gesäubert werden, bevor Sie die Medikamente einbringen können. Verhindern Sie danach unbedingt, dass Ihr Hund den Kopf schüttelt, um sicherzustellen, dass die Wirkstoffe auch im Ohr verbleiben.

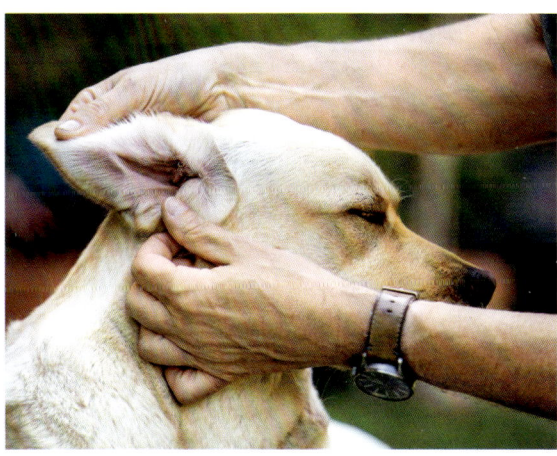

Die dicht anliegenden Hängeohren des Labradors erfordern eine regelmäßige Kontrolle.

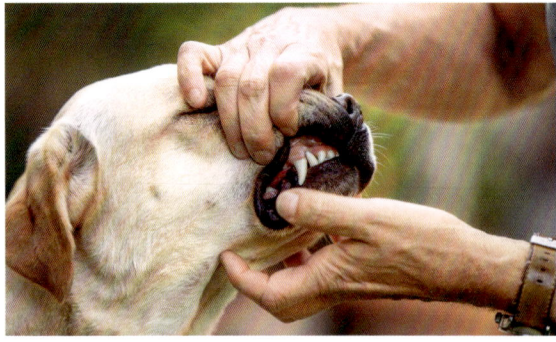

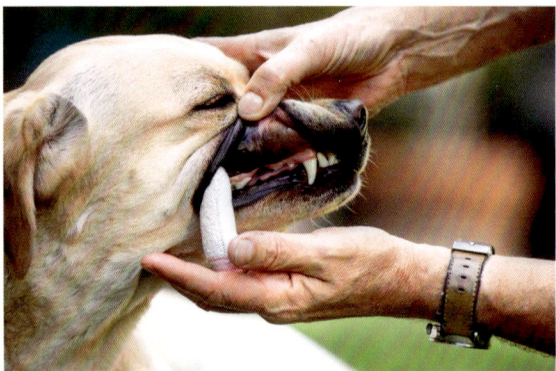

Mit einem Fingerling aus spezieller Mikrofaser können schon Welpen an das tägliche Zähneputzen gewöhnt werden.

Geweihstücke für Hunde eignen sich aufgrund ihrer Struktur ideal zur Zahnpflege.

ZÄHNE

Ebenso wie die Ohren, sollte man auch das Gebiss des Hundes regelmäßig kontrollieren. Abgebrochene Zähne, auch Milchzähne, bedürfen auf jeden Fall einer tierärztlichen Versorgung.

Ältere Hunde entwickeln häufig bakterielle Zahnbeläge, die auch verantwortlich für üblen Maulgeruch sind. Man kann bereits einem Welpen beibringen, sich regelmäßig die Zähne putzen zu lassen. Entsprechendes Zubehör gibt es Fachhandel.

HAARKLEID

Junge Hunde im Wachstum verlieren zunächst kaum Haare. Sind sie gesund, glänzt ihr Fell und benötigt keine weitere Pflege. Da es nicht nur wasser-, sondern auch schmutzabweisend ist, trocknet es schnell und besitzt eine erstaunliche Selbstreinigungskraft.

In der Regel reicht es aus, wenn Sie Ihren Labrador nach dem Spaziergang mit einem Frottiertuch oder einem hochsaugfähigen Kunstfaser- oder Kunstledertuch abreiben. Meist rieselt eventuell noch vorhandener Schmutz nach dem Trocknen einfach heraus. Shampoonieren Sie ihn nur in absoluten Notfällen und ausschließlich mit einem im Fachhandel erhältlichen speziellen Hundeshampoo. Baden verändert die Fellstruktur nachteilig, indem es das natürliche Fett (Talg) entzieht. Dadurch wird das Fell nicht nur weicher, es verliert auch seine wasserabweisende Funktion und benötigt einige Zeit, um sich wieder zu regenerieren.

Sollte Ihr Labrador sich gerne mit den „Düften der Natur" parfümieren, dann genügt es meist, ihn mehrmals in ein sauberes Gewässer zu schicken oder ihn vorsichtig mit dem Gartenschlauch abzuspritzen. Dies gilt allerdings nicht für die „Favoriten" Fisch und Fuchs-

Bei hellen Krallen sind die dunklen Blutgefäße relativ gut zu erkennen, bei schwarzen Krallen ist dies schwieriger.

losung. Im Notfall können Sie die Stelle lokal einschäumen und abspritzen.

Ein regelmäßiges Bürsten ist beim Labrador nur während des Fellwechsels nötig. Die lose Unterwolle ist an der helleren, stumpferen Farbe gut zu erkennen. Im Fachhandel gibt es spezielle Kämme, mit denen sich überschüssige Unterwolle und lose Haare gezielt entfernen lassen, ohne das Deckhaar zu beschädigen. Dies beschleunigt nicht nur den Fellwechsel, sondern verringert auch die Haaransammlungen in Ihrer Wohnung. Die meisten Labradors genießen die Fellpflege, die ja auch mit freundlicher Zuwendung verbunden ist.

KRALLEN

Während der Züchter die Krallen der Saugwelpen noch stumpf schneidet, um Verletzungen der Zitzen der Mutterhündin durch den Milchtritt zu verhindern, nutzen sich ihre

Krallen, sobald sie die Wurfkiste verlassen und beginnen, auf hartem Untergrund zu laufen, meist von allein ab. Wenn Ihr Labrador eine normale Stellung des Bewegungsapparats hat und nicht nur auf sehr weichem Untergrund läuft, benötigt er i. Allg. nur wenig Krallenpflege. Bei älteren Hunden verliert der Bänder- und Sehnenapparat manchmal an Festigkeit, sodass sich die Stellung der Krallen verändert. Sie werden dann nicht mehr ausreichend abgenutzt und wachsen in die Länge. Sind sie zu lang geworden, können Sie sie entweder mit einer speziellen Krallenschere selbst kürzen oder sie vom Tierarzt schneiden lassen. Bei hellen Krallen sind die dunklen Blutgefäße relativ gut zu erkennen, bei schwarzen Krallen ist dies schwieriger. Hier müssen Sie sich vorsichtig an die richtige Länge herantasten. Hilfreich kann hierbei als Alternative zur herkömmlichen Krallenschere auch ein elektrisches Krallenschleifgerät sein.

01 – 05 Während ältere Hündinnen einen pubertierenden Jungrüden i. Allg. deutlich in die Schranken verweisen, sind jüngere Hündinnen dazu meist noch nicht souverän genug. Sie sollten Ihrem „Macho" hier deutliche Grenzen setzen, denn sein übereifriges Verhalten belastet nicht nur die Hündin, sondern kann auch zu Auseinandersetzungen mit anderen Rüden führen.

01

02

03

SEXUALITÄT

DIE HÜNDIN

Im Alter von 7 bis 14 Monaten werden Hündinnen meist das erste Mal läufig. Normalerweise kündigt sich die Hitze durch ein Anschwellen der Schnalle an, das häufig bereits einige Tage vor Beginn der eigentlichen Blutung zu beobachten ist. Viele Hündinnen sind während dieser Zeit besonders anhänglich und empfindsam, andere zeigen völlig neue Verhaltensweisen. Die Blutung kann sehr unterschiedlich ausgeprägt sein. In der Wohnung können Sie Ihrer Hündin in dieser Zeit ein spezielles „Schutz-Höschen" mit Einlagen anziehen.

Die erste Phase der Läufigkeit (Prööstrus) dauert zwischen 3 und 17 Tagen. Die daran anschließende zweite Phase (Östrus) hält zwischen 3 und 21 Tagen an. Die Blutung wird dann zunehmend wässriger und fleischfarben, die Schwellung der Schnalle nimmt ab und die Hündin legt, insbesondere bei Berührung, ihre Rute auf charakteristische Weise zur Seite. In diese Phase fällt auch der Eisprung. Die Eier müssen etwa 2 Tage reifen, bevor sie bereit zur Befruchtung sind. Die Hündin ist dann in der sog. „Standhitze". In dieser Zeit darf sie keinesfalls unbeaufsichtigt bleiben. Sie riecht nun hochattraktiv und zieht Rüden auch über weite Entfernungen magisch an. Deshalb empfiehlt es sich, die täglichen Spaziergänge möglichst nicht von zu Hause zu beginnen, sondern lieber mit dem Auto in eine fremde Umgebung zu fahren, um die Hündin dort an der Leine auszuführen.

04

05

Da die Dauer der Läufigkeitsphasen individuell sehr verschieden sein kann, müssen Sie etwa 3 Wochen lang, im Ausnahmefall auch noch länger, gut auf Ihre Hündin achten, um unerwünschten Nachwuchs zu vermeiden. Im nachfolgenden Metöstrus weist sie, unabhängig davon, ob sie gedeckt wurde oder nicht, dieselben Hormonverhältnisse auf wie eine tragende Hündin. Aus diesem Grund ist die häufig zu beobachtende Scheinträchtigkeit bis zu einem gewissen Grad etwas ganz Normales. An den Metöstrus schließt sich die sexuelle Ruhephase (Anöstrus) an. Der komplette Zyklus wiederholt sich i. Allg. alle 6 Monate, wobei es jedoch auch hier individuelle Unterschiede geben kann.

Wenn Sie sich den hormonellen Herausforderungen, die eine Hündin mit sich bringt, nicht gewachsen fühlen, sollten Sie sich lieber für einen Rüden entscheiden. Zwar beseitigt eine Kastration die Läufigkeit und Fruchtbarkeit der Hündin, aber es handelt sich auch um einen bedeutenden Eingriff in ihr Hormonsystem. In vielen Fällen sind unerwünschte Spätfolgen wie Inkontinenz, Fellveränderungen und Fettleibigkeit zu beobachten. Eine Kastration sollte deshalb gut überlegt werden.

DER RÜDE

Im Alter von etwa 8 Monaten, die Spanne beträgt meist zwischen 6 Monaten und einem Jahr, kommen Rüden in die Pubertät. Äußerlich erkennen Sie dies daran, dass Ihr Jungrüde nun beginnt, sein Bein zu heben und sich verstärkt für Hündinnen interessiert. Oft erscheinen Jungrüden in dieser Zeit regelrecht „aufsässig", alles bisher Gelernte scheint vergessen und manchmal wird ein regelechter Machtkampf ausgetragen. Einige Rüden treten nun auch gegenüber anderen Rüden erstmals aggressiv auf. Hier ist Ihre konsequente Erziehung gefragt!

Rüden wittern läufige Hündinnen auch über sehr weite Entfernungen. Entweichen sie, drohen ihnen in unserer dicht besiedelten Umwelt allerlei Gefahren, weshalb sie ebenfalls gut beaufsichtigt werden müssen. Auch bei Rüden stellt eine Kastration einen bedeutend-den Eingriff dar. Die Nebenwirkungen sind mit Ausnahme der Inkontinenz ähnlich wie bei Hündinnen. Eine Kastration ist keines-falls geeignet, eine mangelnde Erziehung zu ersetzen. Mithilfe einer zeitlich begrenzten chemischen Kastration lässt sich heutzutage testen, ob sie die gewünschte Wirkung erzie-len würde.

IMPFUNGEN

Seit dem 3. Juli 2004 gelten für die Einreise mit Hunden in die Europäische Union aus Drittländern bestimmte Regelungen, die in erster Linie das Einschleppen und Verbreiten von Tollwut verhindern sollen. Danach muss für Hunde, die innerhalb der Europäischen Union grenzüberschreitend verbracht werden, grundsätzlich ein „EU-Ausweis" nach ein-heitlichem Muster mitgeführt werden. Um den Ausweis eindeutig zuordnen zu können, muss der Hund mittels Mikrochip (früher mittels Tätowierung) eindeutig identifizier-bar und die entsprechende Kennzeichnungs-nummer eingetragen sein. Neben Angaben zum Tier und seinem Besitzer muss der Pass ferner den tierärztlichen Nachweis enthalten, dass das Tier über einen gültigen Tollwut-Impfschutz verfügt.

Im Falle der Erstimpfung eines Welpen im Alter von mindestens 3 Monaten muss die Impfung vor dem ersten Grenzübertritt min-destens 21 Tage zurückliegen. Die Dauer des Schutzes bei Wiederholungsimpfungen rich-tet sich nach den Angaben des Impfstoffher-stellers.

DIE WICHTIGSTEN INFEKTIONS-KRANKHEITEN

Staupe Die Staupe des Hundes ist eine hoch ansteckende Virusinfektion, die direkt (z. B. durch gegenseitiges Belecken) oder durch Tröpfcheninfektion übertragen wird. In den verschiedenen Verlaufsformen können die Augen, der Atemtrakt, der Verdauungsappa-rat, die Haut und/oder das zentrale Nerven-system betroffen sein. Durch das vermehrte Einführen ungeimpfter Hunde aus Osteuro-pa gewinnt die Krankheit auch in Deutsch-land wieder zunehmend an Aktualität.

Hepatitis c. c. Auch die ansteckende Leber-entzündung (Hepatitis contagiosa canis) ist eine Viruserkrankung. Sie geht mit dramati-schen Fieberschüben, Blutgerinnungsstörun-gen und heftigen Durchfällen einher und en-det häufig tödlich. In Mitteleuropa ist sie mittlerweile selten geworden.

Leptospirose oder Stuttgarter Hundeseuche
Die Leptospirose gilt als meldepflichtige Zoo-nose, d. h. sie ist vom Hund auf den Men-schen über Kontakt mit infiziertem Hunde-urin übertragbar. Die Erreger werden auch von äußerlich gesunden Hunden in großen Mengen ausgeschieden. Eintrittspforten sind die Schleimhäute in Mund und Rachen sowie die Schleimhäute der oberen Luftwege, die Augenbindehäute und kleinste Verletzungen der Haut. Verursacher der Erkrankung sind Bakterien der Gattung der Leptospiren. Die Diagnose ist aufgrund der meist unspezifi-schen Symptomatik zuweilen schwierig. Be-sonders betroffene Organe sind Leber, Darm und Harnapparat. Die Impfung richtet sich in der Regel nur gegen die wichtigsten Erre-gertypen. Aus diesem Grund können auch ge-impfte Hunde an anderen Erregertypen ernst-haft erkranken.

Parvovirose ist eine hoch ansteckende und akut verlaufende Infektionskrankheit des Hundes, die durch das Canine Parvovirus-2 (CPV-2) verursacht wird. Da das Virus Zellen mit hoher Teilungsrate bevorzugt, befällt es insbesondere das Darmepithel, das Knochen-mark, das lymphatische System und den Herzmuskel. Betroffen sind vor allem Jung-tiere, die sich über Kot oder Speichel be-

Noch sind die Welpen durch die Antikörper der Mutterhündin geschützt – doch spätestens in der 8. Lebenswoche sollte mit der Grundimmunisierung begonnen werden.

fallener Tiere anstecken. Da der Erreger sehr widerstandsfähig ist, bleibt er lange infektiös. Erste Symptome sind hohes Fieber, Fressunlust und Teilnahmslosigkeit, an die sich fast zeitgleich Symptome des Magen-Darm-Traktes mit blutigen Durchfällen anschließen. Der wirksamste Schutz besteht in einer prophylaktischen Impfung, die eine Infektion jedoch nicht gänzlich ausschließen kann.

Tollwut gilt als älteste bekannte Infektionskrankheit bei Mensch und Tier. Da sie vom Hund auf den Menschen übertragbar ist und tödlich verläuft, sind Impfungen in Deutschland und vielen anderen Ländern der Welt gesetzlich vorgeschrieben. Eine Infektion verursacht eine akute, lebensbedrohliche Enzephalitis (Entzündung des Gehirns). Übertragen wird die Tollwut durch mit dem Speichel ausgeschiedene Viren, die nicht nur über Bisse, sondern bei Kontakt mit infiziertem Speichel auch über kleinste Hautwunden eindringen können. Erkrankte Hunde fallen zunächst meist durch Verhaltensänderungen wie gesteigerte Aggressivität und Unruhe („Rasende Wut") auf, an die sich fortschreitende Lähmungserscheinungen anschließen („Stille Wut"). Jedoch ist diese Reihenfolge nicht zwingend notwendig. Völlig atypische Verläufe sind ebenfalls möglich.

Da seit 2006 keine Tollwutfälle mehr bei Wild- oder Haustieren gemeldet wurden, ist Deutschland seit April 2008 bei der Weltorganisation für Tiergesundheit (OIE) als tollwutfrei registriert.

Zwingerhusten An der Entstehung des Zwinger- oder Virushustens sind sowohl Viren (meist das Canine Parainfluenzavirus des Stammes NL-CPI-5 und das Canine Adenovirus Typ 2 des Stammes Manhattan) als auch Bakterien im Rahmen einer Sekundärinfektion beteiligt. Symptome sind häufig ein anfallsartiger trockener Husten, wässriger Nasenausfluss sowie ein verschleimter Rachen. Eine bakterielle Sekundärinfektion verschlechtert das Allgemeinbefinden meist massiv und erhöht die Gefahr einer Lungenentzündung.

BEWÄHRTER IMPFPLAN UND NEUERE ERKENNTNISSE

Einen allgemein gültigen Impfplan gibt es nicht – wie oft und wann geimpft wird, hängt u. a. auch von den Gegebenheiten vor Ort ab. Treten dort bestimmte Krankheiten gehäuft auf oder leben viele Hunde auf engem Raum zusammen, erhöht sich der allgemeine Infektionsdruck und es sollte früher, eventuell auch öfter, geimpft werden. Lassen Sie sich deshalb von Ihrem Tierarzt beraten.

Darüber, wie oft und in welchem Zeitabstand Wiederholungs- bzw. Auffrischimpfungen erfolgen sollten, gibt es unterschiedliche Ansichten, jedoch sollten Sie das gezielte und mehrmalige Impfen Ihres Labradors im Welpen- bzw. Junghundealter nicht infrage stellen. Denn diese ersten Impfkontakte beeinflussen auch entscheidend die Ausbildung seines Immunsystems.

Eine gezielte Titer-Feststellung kann Ihnen im Zweifel Aufschluss geben, wie die Abwehrsituation Ihres Hundes in Bezug auf einen bestimmten Erreger ist.

PARASITEN

ENDOPARSITEN

Darmparasiten können lange Zeit unbemerkt im Hund überdauern und durch das Entziehen von Nährstoffen und Flüssigkeit sowie das Produzieren von Giftstoffen, seinen Stoffwechsel belasten und das Immunsystem schwächen. Äußerlich erkennbare Symptomen, wie ein auffälliger Leistungsabfall, Abmagerung, Durchfall oder stumpfes Fell, treten bei erwachsenen Hunden meist erst bei einem massiven Befall auf. Dagegen reagieren Welpen sehr schnell und heftig mit Symptomen wie einem geblähten, druckempfindlichen Bauch, Durchfall (evtl. auch Verstopfung), Gewichtsabnahme trotz Fresslust, Fressunlust und Blutarmut.

DAS ENTWURMEN

Grundsätzlich sollten Sie Ihren Labrador zwei Wochen vor jeder Impfung entwurmen, denn ein Parasitenbefall kann die Reaktionsfähigkeit des Immunsystems hemmen.

☞ IMPFEMPFEHLUNG

GRUND-IMMUNISIERUNG	8. LW	12. LW	16. LW	15. LM	WIEDERHOLUNGS-IMPFUNGEN
HCC	■	■	■	■	ab dem 2. Lebensjahr im dreijährigen Rhythmus
LEPTOSPIROSE	■	■	■	■	jährlich
PAROVIROSE	■	■	■	■	ab dem 2. Lebensjahr im dreijährigen Rhythmus
STAUPE	■	■	■	■	ab dem 2. Lebensjahr im dreijährigen Rhythmus
TOLLWUT		■	■	■	entsprechend der in den Packungsbeilagen genannten Wiederholungsintervalle

Wurmmittel gibt es flüssig und in Pasten- oder Tablettenform. Bei Rundwurmbefall gibt es für besonders magenempfindliche Hunde auch „Spot-on-Produkte".

Sollten Sie nicht auf „Verdacht" entwurmen wollen, können regelmäßige Kotuntersuchungen Aufschluss über einen etwaigen Wurmbefall geben. Allerdings müssen diese, da Würmer nicht permanent Eier abgeben, an mehreren aufeinanderfolgenden Tagen und mindestens zweimal im Abstand von ca. 14 Tagen erfolgen.

EMPFOHLENE ENTWURMUNGSINTERVALLE

Welpen- und Junghunde Ein erstes Entwurmen sollte unbedingt zwischen dem 10. bis 14. Lebenstag und in der Folge alle 14 Tage bis zur 8. Lebenswoche mit einem auf Rundwürmer ausgerichteten Präparat erfolgen. Nach der Abholung sollte der Welpe jeweils rechtzeitig vor den Nachimpfungen und anschließend im Abstand von drei bis vier Monaten mit einem Breitband-Anthelminthika

entwurmt werden. Sollte ein konkreter Verdacht bestehen, ist ein zweimaliges Entwurmen im Abstand von 14 Tagen sinnvoll.

Erwachsene Hunde Normalerweise reicht eine vierteljährliche Entwurmung mit einem Breitband-Anthelminthika aus. Zusätzlich sollten Sie Ihren Hund jedoch auch nach dem Fressen eines Nagetiers (z. B. einer Maus), eines Kadavers oder roher Schlachtabfälle, zu denen auch auf Luderplätzen ausgelegte Abfälle tierischer Herkunft zählen, vorsichtshalber entwurmen.

EKTOPARASITEN

Die häufigsten Ektoparasiten des Hundes sind Flöhe, Haarlinge und Zecken. Bei starkem Befall kommt es zu Juckreiz und durch das Kratzen zu bakteriellen Sekundärinfektionen. Auch heftige allergische Reaktionen, wie z. B. eine Flohdermatitis, können auftreten. Da Flöhe, Haarlinge und Zecken gefährliche Krankheitserreger übertragen können, ist eine sinnvolle Prophylaxe wichtig.

Welpen sollten immer rechtzeitig vor den Nachimpfungen entwurmt werden.

☞ EKTOPARASITEN

DIE HÄUFIGSTEN EKTOPARASITEN	TYPISCHE ANZEICHEN EINES BEFALLS	ÜBERTRÄGER VOM/VON	PROPHYLAXE
FLÖHE	Häufiges Kratzen oder Benagen der Haut. Schwarze Krümel im Fell, die zerrieben mit etwas Luftfeuchtigkeit eine blutfarbenen Substanz hinterlassen.	Gurkenkernbandwurm	"Spot-on" Produkte, Pumpsprays, Halsbänder oder systemische Insektizide und Akarizide gegen Zecken und Flöhe in Tablettenform. Letztere schließen durch ihre Wirkweise allerdings eine Übertragung der Krankheit nicht aus. Bei Zeckenbefall ist zusätzlich ein gewissenhaftes Absammeln nach jedem Spaziergang und ein rasches Entfernen bereits festgebissener Zecken empfehlenswert.
HAARLINGE (BEISSLÄUSE)	Kleine, dunkle Tierchen im Fell. Die Nissen (Eier) zeigen sich als winzige weiße Schüppchen an den Haarschäften.	Bandwürmern	
ZECKE (MEIST DER GEMEINE HOLZBOCK)	Dunkle Spinnentierchen, die im Fell krabbeln oder sich bereits in der Haut festgesogen haben.	Borrelien Babesien Ehrlichien FSME-Viren	

RASSETYPISCHE ERKRANKUNGEN

Rassehunde sind durch strenge Zuchtauslese auf einen bestimmten Phänotyp und rassetypische Eigenschaften hin entstanden. Eine Auslese dieser Art begünstigt jedoch nicht nur die Festigung eines Rassetyps, sondern auch die Manifestation rassetypischer Erkrankungen. Aus diesem Grund achten die Rassehundezuchtvereine sorgsam darauf, dass sowohl die Zuchttiere selbst als auch möglichst viele ihrer Verwandten auf bekannte Erkrankungen dieser Art untersucht werden. Nur mit gesunden Hunden und solchen, die sich gesundheitlich gut weitervererbt haben, darf gezüchtet werden. Jeder Hundehalter kann demnach zur Gesundheit seiner Rasse beitragen, indem er seinen Hund untersuchen lässt und die Ergebnisse dem Zuchtverband zur Verfügung stellt.

HÜFTGELENKSDYSPLASIE (HD)

Unter Hüftgelenksdysplasie versteht man eine Fehlbildung des Hüftgelenkes, die dadurch bedingt ist, dass Oberschenkelkopf und Hüftgelenkspfanne nicht optimal zusammenpassen. Meist sitzt der Hüftgelenkskopf nicht tief genug in der Pfanne, das Gelenk ist locker und es entstehen Arthrosen. Je nach Schwere der Fehlbildung, Umfang der Arthrose-Bildung und Bemuskelung des Hundes kann die Bandbreite möglicher Symptome von einem klinisch unauffälligen Gangbild bis hin zu schwersten Lahmheiten reichen.
Zur Diagnostik werden die Hunde unter Vollnarkose geröntgt. Diese ist nicht nur erforderlich, damit die Hintergliedmaßen gestreckt werden können, sondern vor allem, weil die Lockerheit eines Gelenks nur bei erschlafften Muskeln korrekt beurteilt werden kann. In Deutschland werden die Hüften anhand des international anerkannten FCI-Schemas beurteilt, wobei die HD in fünf verschiedene Grade mit jeweils zwei Stufen unterteilt wird (siehe rechts Tabelle).

Jedes Hüftgelenk wird einzeln beurteilt, wobei die schlechtere Seite das Gesamtergebnis vorgibt (z. B. rechte Seite/linke Seite = A2/C1 = HD C1). Man geht davon aus, dass an der Entstehung der HD sowohl erbliche als auch Umweltfaktoren beteiligt sind. Bei Letzteren werden vor allem eine Überlastung in der Welpenzeit (z. B. durch lange Wanderungen) als auch eine zu energiereiche oder unausgewogene Ernährung während des Wachstums diskutiert. Da es sich wahrscheinlich um einen polygenetischen Erbgang handelt, können auch aus HD-freien Eltern betroffene Nachkommen hervorgehen. Jedoch sind die Nachkommen von HD-freien Eltern signifikant häufiger HD-frei als diejenigen, die von HD-belasteten Eltern stammen. Die VDH-Mitgliedsvereine haben schon vor vielen Jahren Zuchtprogramme beschlossen, die vorsehen, dass alle Zuchthunde im Alter von über einem Jahr geröntgt und von einem vom Zuchtverein benannten Gutachter ausgewertet werden. Nur Hunde mit HD-Gutachten A, B oder C dürfen zur Zucht zugelassen werden, wobei Hunde mit C-Hüften nur mit HD-freien Deckpartnern belegt werden dürfen. Auf diese Weise haben Labradors, die in den VDH-anerkannten Zuchtvereinen gezüchtet werden, heute nachweislich gesündere Hüften als noch vor einigen Jahren. Hunde mit sehr schweren Hüfterkrankungen sind glücklicherweise selten geworden.

STADIEN DER HÜFTGELENKSDYSPLASIE

HD A1/A2	HD-frei
HD B1/B2	HD-Verdacht, Übergangsform
HD C1/C2	Leichte HD
HD D1/D2	Mittlere HD
HD E1/E2	Schwere HD

ELLBOGENDYSPLASIE (ED)

Unter dem Begriff Ellbogendysplasie (ED) werden mehrere Krankheitsbilder zusammengefasst, die das Ellbogengelenk betreffen. Hierzu zählen u. a. der fragmentierte Processus coronoideus medialis der Elle (FPC), der isolierte Processus anconaeus (IPA), die Osteochondrosis dissecans der inneren Gelenkwalze des Oberarms (OCD) sowie die Stufenbildung zwischen Speiche und Elle und Fehlbildungen der Gelenkflächen. In der Folge entstehen meist schmerzhafte Arthrosen, die zu unterschiedlich stark ausgeprägten Lahmheiten führen. Die betroffenen Hunde zeigen häufig schon früh Symptome, die eine zeitnahe Operation zur Vermeidung einer weiteren Arthrose-Bildung erforderlich machen. Da der junge Hund anschließend längere Zeit in seiner Bewegungsfreiheit stark eingeschränkt werden muss (Leinenzwang) und auch eine frühzeitige Operation nicht immer eine dauerhafte Beschwerdefreiheit garantieren kann, stellt die ED häufig eine starke Belastung für Hund und Besitzer dar.

Auch ED-Erkrankungen entstehen während des Wachstums. Neben Fütterungs- und Bewegungseinflüssen liegt ebenfalls eine genetische Disposition zugrunde. Auch hier wird von einem polygenetischen Erbgang ausgegangen, sodass selbst gewissenhafte Züchter das Risiko des Auftretens nicht vollkommen ausschließen können. Dennoch ist es den VDH-Mitgliedsvereinen mittels Röntgen-pflicht und strenger Zuchtauslese gelungen, das Vorkommen von ED wesentlich zu reduzieren. Studien belegen, dass die in FCI-Mitgliedsvereinen gezüchteten Hunde bezüglich der Ellbogen signifikant gesünder sind als andere (vgl. Dissertation von Anke Brümmer, Universität Gießen 2008). Jeder Zuchthund muss deshalb im Alter von mindestens einem Jahr geröntgt und die Bilder vom Gutachter des Zuchtvereins ausgewertet werden. Es werden jeweils beide Ellbogen getrennt beurteilt, wobei die „schlechtere" Seite das Gesamtergebnis vorgibt. Auch hier gibt es ein international anerkanntes Bewertungsschema.

AUGENERKRANKUNGEN

Die Progressive Retina Atrophie (PRA) beschreibt eine fortschreitende Netzhauterkrankung. Die erbliche Krankheit tritt in unterschiedlichem Alter auf und führt in fortgeschrittenem Stadium durch Zerstörung der Foto-Rezeptoren zur völligen Erblindung. Beim Labrador Retriever ist der Erbgang für die dort vorkommende prcd-PRA (progressive rod-cone degeneration – PRA) mittlerweile bekannt. Durch die Entwicklung eines zuverlässigen Gentests lässt sich die autosomal rezessiv vererbte Krankheit (siehe Kasten rechts) heute gezielt verhindern. Die VDH-Zuchtvereine schreiben deshalb vor, dass zumindest ein Elternteil jeder Verpaarung genetisch frei von prcd-PRA (= N/N bzw. Clear) getestet sein muss.

Die Katarakt bezeichnet jegliche Trübung der Linse. Sie kann an unterschiedlichen Stellen auftreten und verschiedenste Ursachen haben. Sie ist schmerzfrei und bewirkt beim Labrador nur in seltenen Fällen eine Einschränkung der Sehkraft. Eine fortschreitende Form, die zur Erblindung führt, ist extrem selten. Durch eine Staroperation kann die Sehkraft der betroffenen Hunde u. U. wieder hergestellt werden. Nur wenige Kataraktformen sind erblich. Ihre genauen Erbgänge sind derzeit noch nicht bekannt.

STADIEN DER ELLENBOGENDYSPLASIE

ED 0	ED-frei
ED Grenzfall	Übergangsform
ED I	Leichte ED
ED II	Mittlere ED
ED III	Schwere ED

Schwerwiegende Erkrankungen wie die Progressive Retina Dysplasie (PRA) lassen sich heute gezielt vermeiden.

Bei der Retina Dysplasie (RD) handelt es sich um eine nicht fortschreitende embryonale Fehlentwicklung der Netzhaut. Sie ist schmerzlos und hat je nach Ausprägung meist keine Auswirkung auf die Sehkraft. Nur wenn größere abgelöste Bezirke vorliegen (geografische Form), führt dies zur Einschränkung des Sehvermögens bis hin zur Erblindung (totale RD). Für diese schwerste Form, die mit Skelettmissbildungen einhergeht (RD/OSD), gibt es einen Gentest, der ihr Auftreten heute zuverlässig verhindern kann.

Distichiasis (Härchen auf dem Lidrand), Entropium (eingerollter Lidrand) und Ektropium (ausgestülpter Lidrand) beschreiben Veränderungen an den Augenlidern. Sie sind häufig schon beim Welpen oder Junghund erkennbar und gelten als zuchtausschließende Fehler. Schwere Formen, die zu dauerhaften Beschwerden am Auge führen, können beim ausgewachsenen Hund operativ gut korrigiert werden.

MUTATIONEN UND ERKRANKUNGEN MIT BEKANNTEM ERBGANG

Üblicherweise wird das dominante Gen, das das Merkmal nicht vererbt, mit groß „N" abgekürzt, das rezessive, das das Merkmal trägt

entweder mit „m" oder einer Abkürzung für das entsprechende Phänomen. Steht z. B. in einem Befund oder einer Datenbank „PRA N/N", so bedeutet dies, dass der betreffende Hund bezüglich der Erkrankung Progressive Retina Atrophie (PRA) genetisch „Frei", „Normal" oder „Clear" getestet wurde. Lautet der Befund PRA N/m bzw. N/PRA, so handelt es sich um einen „Träger" oder „Carrier", der das Merkmal zwar weiter vererben, aber selbst nicht erkranken kann. Beim Befund PRA m/m bzw. PRA/PRA ist der Hund genetisch „Betroffen" oder "Affected", d. h. er wird die Krankheit früher oder später entwickeln. Wird ein solcher Hund mit einem Deckpartner PRA N/N verpaart, sind alle Nachkommen bezüglich PRA N/m, d. h. sie tragen, aber zeigen das Merkmal nicht –

AUTOSOMAL-REZESSIVER ERBGANG

Bei einem autosomal-rezessiven Erbgang liegt die genetische Information des betreffenden Merkmals auf einem der Autosomen (Nicht-Geschlechtschromosomen). Es tritt nur dann im Phänotyp in Erscheinung, wenn zwei gleiche Allele auf den homologen Chromosomen vorliegen, der Hund also in Bezug auf dieses bestimmte Merkmal reinerbig ist.

Gentests gewinnen in der modernen Hundezucht immer mehr an Bedeutung.

sprich sie sind phänotypisch gesund. Würde man hingegen zwei Trägertiere verpaaren, wären 25 % der Nachkommen statistisch gesehen genetisch frei (N/N), 25 % genetisch betroffen (m/m) und 50 % wären Träger (N/m).

Wichtig! Merkmalsträger (N/m) sind phänotypisch gesund! Sie können aber das betreffende Merkmal weitervererben und dürfen daher nur mit Partnern verpaart werden, die bezüglich dieses bestimmten Merkmals N/N sind, also für genetisch „frei" befunden wurden. Nur so kann sichergestellt werden, dass auch die Nachkommenschaft gesund ist.

SPEZIELLE KRANKHEITSBILDER

JUVENILE KONJUNKTIVITIS FOLLICULARIS

Hierbei handelt es sich um kleine Knötchen in der Bindehaut des Auges, die bis zu einem gewissen Grad normal sind. Als ursächlich wird eine Auseinandersetzung des Immunsystems des jungen Hundes mit Umweltreizen angesehen. Etwaige Beschwerden können mit Augensalbe behandelt werden. Das früher übliche Ausschaben wird heute nicht

mehr empfohlen. Meist verschwinden die Beschwerden von selbst, wenn der Hund ausgewachsen ist.

HOT SPOTS

Hot Spots sind oberflächliche Entzündungen der Haut, die insbesondere bei warmfeuchter Witterung auftreten können. Hunde mit dichter Unterwolle sind meist stärker betroffen. Man vermutet, dass kleine Verletzungen, wie z. B. Zeckenbisse, ursächlich sein könnten. Diskutiert werden ferner allergische Reaktionen, da auch das individuelle Immunsystem bei der Entwicklung von Hot Spots eine Rolle zu spielen scheint. Durch das dichte Fell des Labradors wird die entzündete Stelle häufig zunächst übersehen. Bei genauerer Untersuchung stellt sich dann heraus, dass bereits größere Hautbereiche betroffen sind. Erstmaßnahme sollte nun das Freischeren der erkrankten Stellen durch den Tierarzt sein, der dann, je nach Ausmaß und Tiefe der Hot Spots, auch die passenden Medikamente verordnet.

WASSERRUTE

Von einem Moment auf den nächsten sieht Ihr Labrador aus, als hätte er sich die Rute gebrochen. Sie steht am Ansatz leicht ab und hängt dann vollkommen schlaff herunter. Er hat starke Schmerzen im Schwanzwurzelbereich, die gelegentlich sogar laut geäußert werden. Oft tritt eine Wasserrute nach intensivem Schwimmen auf, wobei weder die Wasser- noch die Umgebungstemperatur eine Rolle zu spielen scheinen. Die genauen Ursachen sind nicht geklärt. Diskutiert wird eine Neuralgie aufgrund einer Unterkühlung, die bei großer Verausgabung auch bei warmen Temperaturen auftreten kann. Ihr Hund braucht nun Wärme und Ruhe, dann erholt sich die Rute meist ohne Behandlung binnen weniger Tage vollständig. Wiederholte Erkrankungen sind jedoch häufig. Leider ist dieses rassetypische Phänomen nicht allen Tierärzten bekannt.

Die Wasserrute ist ein rassetypisches Phänomen,   *... das nach intensivem Schwimmen auftreten kann.*

👉 GENTESTS FÜR DEN LABRADOR

PRA	Progressive Retina Atrophie	Fortschreitende Netzhautablösung, die zur Erblindung führen kann.
EIC	Exercise Induced Collapse	Neuromuskuläre Erkrankung: Betroffene Hunde können leichte bis moderate Belastungen noch tolerieren, unter großer Anstrengung (meist gepaart mit Aufregung) kommt es zu einer fortschreitenden Schwäche der Hinterhand, die bis zum Kollaps führen kann.
HNPK	Hereditäre Nasale Parakeratose	Erkrankung des Nasenspiegels in sehr unterschiedlicher Ausprägung, die zu Schorf- und Krustenbildung bis hin zu tiefen Rissen führen kann.
CNM BZW. HMLR	Centronukleäre Myopathie bzw. Hereditary Myopathy in Labrador Retriever	Schwerwiegende erbliche Erkrankung der Skelettmuskulatur, die sich i. d. R. zwischen zwei und acht Monaten manifestiert und zu einer generalisierten Muskelschwäche führt.
MH	Maligne Hyperthermie	Störung im Stoffwechsel der Skelettmuskulatur, die dazu führt, dass bestimmte Nakosemittel nicht vertragen werden und unbehandelt zum raschen Tod führen.
RD/OSD	Retina Dysplasie/Oculo Skeletal Dysplasia	Schwere Form der Retina Dysplasie, die mit Skelettmissbildungen einhergeht.
SD2	Skeletale Dysplasie 2	Gen-Mutation, die eine milde Form von disproportioniertem Zwergwuchs bewirken kann, wobei das Wachstum der langen Röhrenknochen vorzeitig zum Stillstand kommt.

IMMER MIT DABEI

— Erziehung, Ausbildung, Beschäftigung

DER LABRADOR ALS FAMILIENHUND

Auch wenn der Labrador über viele Generationen hinweg für eine bestimmte jagdliche Aufgabe gezüchtet wurde, eignet er sich sehr gut als Familienhund. Die Gründe hierfür liegen vor allem in der Art seiner jagdlichen „Spezialisierung".

Als Apportierhund für die Arbeit nach dem Schuss spielten im Rahmen seines Jagdverhaltens vor allem zwei Verhaltenselemente eine wesentliche Rolle: das Orten und das Packen der Beute. Dementsprechend wurden beide Elemente züchterisch verstärkt, während andere, wie z. B. das Fixieren, Anpirschen und Hetzen, zurückgedrängt wurden. Aus dem Verhaltenselement des Ortens entwickelte sich durch züchterischen Einfluss auch die angeborene Markierfähigkeit des Labradors (siehe S. 126).

GRUNDREGELN IN DER FAMILIE

DIE ROLLENVERTEILUNG INNERHALB DER FAMILIE

Bereits vor Abholung Ihres Welpen beim Züchter sollten Sie die Rollenverteilung innerhalb der Familie klären: Wer füttert? Wer geht spazieren? Und vor allem: Wer erzieht? Es ist durchaus möglich, dass sich mehrere Familienmitglieder an der Pflege, Erziehung und Ausbildung Ihres Labradors beteiligen. Das funktioniert jedoch nur, wenn alle auf die gleiche Art und Weise mit dem Hund kommunizieren. Dazu bedarf es neben grundsätzlichen Vereinbarungen, z. B. wer geht morgens, mittags, abends Gassi, auch noch weiterer gemeinsamer Vorüberlegungen.

Legen Sie die wichtigsten Erziehungs- und Verhaltensregeln für Ihren Hund fest!
Wie stellen Sie sich einen gut erzogenen Familienbegleithund vor? Was darf er, was darf er nicht? Was soll, was muss er können? Finden Sie einen für alle Familienmitglieder tragbaren und umsetzbaren Kompromiss!

Welches Signal soll künftig mit welcher Aktion des Hundes verknüpft werden?
Nur über Konsequenz lernt Ihr Hund, ein Signal mit der gewünschten Verhaltensweise zu verknüpfen. Aus diesem Grund ist es wichtig, dass alle Familienmitglieder dasselbe Signal für dieselbe Aktion verwenden. Erstellen Sie eine Liste der wichtigsten Hör- und Sichtzeichen (siehe S. 87) und vergessen Sie dabei nicht, dass jedes Signal konsequenterweise auch wieder aufgehoben werden muss.

Wie soll die korrekte Ausführung des jeweiligen Signals aussehen?
Einigen Sie sich auf eine einheitliche Ausführung des jeweiligen Signals!
Beispiel: Das korrekt ausgeführte Signal „Hier!" bedeutet für alle Familienmitglieder, dass der Hund auf den ersten Zuruf kommt und vorsitzt.

Konsesquenz ist wichtig!
Konsequenz heißt, auf eine bestimmte Verhaltensweise immer gleich zu reagieren.

☞ JAGD- UND FAMILIENHUND

Als Spezialist für die Arbeit nach dem Schuss kennzeichnen den Labrador:	Welche Bedeutung hat dies für den Labrador als Familienbegleithund?
Standruhe	Sein ausgeglichenes Wesen und seine allgemeine Nervenfestigkeit ermöglichen ihm auch das Meistern größter Reizsituationen im Alltag.
Apportierfreude	Für den Labrador gehört das Apportieren zu seinem natürlichen Verhaltensrepertoire. Aus diesem Grund lässt sich eine rassegerechte Beschäftigung auch für Ersthundebesitzer relativ leicht umsetzen. Das Apportieren an sich hat bereits einen „selbstbelohnenden" Charakter und bedarf meist keiner weiteren Motivation.
Führigkeit, will to please	Die Arbeit eines Apportierhundes ist geprägt von der Zusammenarbeit zwischen Mensch und Hund. Seine Bereitschaft dazu wurde in Form des sog. „will to please" (dt. Wille zu gefallen) durch züchterische Selektion manifestiert und bildet die Basis für seine Führigkeit und Vielseitigkeit.
Verträglichkeit	Die Arbeit nach dem Schuss gewann vor allem im Rahmen großer Gesellschaftsjagden an Bedeutung, womit auch eine allgemeine Verträglichkeit gegenüber Menschen und Artgenossen verbunden war.

ZUM THEMA RANGORDNUNG

Das Bestreben, sich in einen bestehenden Sozialverband zu integrieren, gehört zum Wesen des Hundes. Eine klar geregelte Rangordnung garantiert ein entspanntes Rudelleben. Der Rang äußert sich im Rudel im Wesentlichen über den freien Zugang zu den wichtigsten Ressourcen wie z. B. Futter. Dies gilt im weitesten Sinne auch für das Mensch-Hund-Rudel.

Die ausgeprägte Menschenbezogenheit des Labradors und sein Bestreben „zu gefallen", lassen ihn bei konsequentem und eindeutigem Vorgehen klare Grenzen bereitwillig und schnell akzeptieren, sodass es relativ selten zu gravierenden Rangordnungsproblemen kommt. Nichtsdestotrotz ist es auch für einen Labrador-Welpen völlig „normal", wenn er während der Rangordnungsphase (13. bis 16. Lebenswoche) beginnt, zuvor gelernte Signale zu ignorieren. Sie sollten dann keinesfalls versuchen, Ihr Signal durch mehrmaliges Wiederholen doch noch irgendwie durchzusetzen, sondern dem Verhalten Ihres Welpen unverzüglich mit artgerechter, angemessener Konsequenz begegnen. In den meisten Fällen wird dazu ein „knurrender" verbaler Tadel ausreichen. Je nach Hundetyp und Situation kann in Einzelfällen auch ein Schnauzengriff oder gar ein im Nacken „Auf-den-Boden-drücken" angebracht sein. Da diese Erziehungssignale weitestgehend genetisch fixiert sind, werden sie i. Allg. sofort verstanden und mit entsprechenden Beschwichtigungsgesten beantwortet. Dasselbe Vorgehen bietet sich auch an, wenn Ihr Welpe plötzlich beginnt, Sie im Zusammenhang mit Beute bzw. Futter anzuknurren. Um Situationen dieser Art von vornherein zu vermeiden, sollten Sie ihn von Anfang an daran gewöhnen, ihm ab und zu spielerisch „wertvolle" Dinge abzunehmen. Bestätigen Sie dabei jede Abgabe positiv und überlassen Sie ihm die Beute anschließend wieder eine Zeit lang. Ist er mit Situationen dieser Art vertraut, entstehen meist auch keine Probleme.

Auch in der späteren Pubertätsphase (ca. 7. bis 12. Lebensmonat) kann es nochmals zu Rangordnungsproblemen kommen. Ihr Labrador entwickelt jetzt nicht nur seine sexuellen Verhaltensformen, sondern perfektioniert auch sein Verhaltensrepertoire. Beides kann zu einer Steigerung seines Eigeninitiativverhaltens führen, der wie schon in der Rangordnungsphase mit Konsequenz und Nachdruck begegnet werden muss.

SINNVOLLE ALLTAGSREGELN

Wer gewährt oder versagt Aufmerksamkeit?

Sie bestimmen, ob, wann und wie lange Sie Ihrem Hund Aufmerksamkeit gewähren wollen. Aufmerksamkeit beginnt beim bloßen Ansehen und erstreckt sich über gemeinsame Aktionen. Ihre Stellung drückt sich vor allem darin aus, dass Sie sowohl Aktionen initiieren als auch nach Belieben beenden oder sich auf die Aufforderung Ihres Hundes einlassen können.

Wer gibt die Laufrichtung vor?

Auf Spaziergängen geben Sie die Laufrichtung vor. Ändern Sie beim Vorauslaufen Ihres Hundes immer mal wieder unvermittelt die Richtung. Achten Sie auch darauf, Engpässe (wie z. B. die Haustür) immer zuerst zu passieren. Drängelt sich Ihr Labrador vorbei, dann versuchen Sie, ihn nachdrücklich und kommentarlos zurückzudrängen. Schließen Sie die Tür und warten Sie, bis er auf Sie konzentriert ist. Danach öffnen Sie die Tür erneut und gehen zuerst hindurch. Sollte sich das Verhalten Ihres Hundes schon etabliert haben, bleibt Ihnen nichts anderes übrig, als mit Gehorsam zu arbeiten. Setzen Sie Ihren Hund konsequent ab, bevor Sie den Engpass durchschreiten.

Wer begrüßt Neuankömmlinge zuerst?

Sollte Ihr Labrador an Ihnen vorbeistürmen, sollten Sie ähnlich wie beim Durchschreiten von Engpässen dafür sorgen, dass Sie Ihren Besuch zuerst begrüßen können.

Die Korrektur mittels eines verbalen Tadels wird mit deutlichen Beschwichtigungsgesten der Junghündin beantwortet.

BASISWISSEN ZUR HUNDEERZIEHUNG

Die Grundbausteine jeden Lernens sind Vertrauen, Bindung, Motivation und Bestätigung.

GRUNDBAUSTEINE DES LERNENS

LERNEN DURCH VERTRAUEN UND BINDUNG

Hunde besitzen das natürliche Bestreben, sich in eine Sozialordnung einzufügen. Aus Sicht des Hundes ist ein Mensch dann führungskompetent, wenn er sich ihm gegenüber in jeder Situation vertrauenswürdig, besonnen, transparent und vor allem eindeutig verhält. Freundliche Konsequenz im Handeln und klare Regeln für gemeinsame Interaktionen sind die Basis einer soliden Mensch-Hund-Beziehung. Sind diese Voraussetzungen erfüllt, bindet sich der Hund bereitwillig und vertrauensvoll an den Menschen.

LERNEN DURCH MOTIVATION

Eine wichtige Voraussetzung dafür, dass ein Lernvorgang stattfindet, ist eine entsprechende Motivation. Darunter ist diejenige innere Antriebskraft zu verstehen, die den Hund animiert, ein bestimmtes Verhalten auszuführen. Nur wenn er motiviert ist, bringt er die nötige Aufmerksamkeit und Konzentration auf, um die zu erlernende Aufgabe zu meistern. Grundsätzlich werden zwei Motivationsarten unterschieden, die meist in einer Mischform vorliegen.

Primäre Motivation oder Eigenmotivation
Ist ein Hund primär motiviert, wird er aus Eigeninitiative aktiv. Die Aktivität an sich wirkt bereits belohnend auf den Hund, sodass er das entsprechende Verhalten öfter zeigt. Ein primär motivierter Hund lernt meist schneller und lässt sich weniger leicht ablenken. Beispiel: Das Apportierverhalten des Labradors ist genetisch fixiert. Da er i. d. R. keine weiteren Anreize benötigt, ist er in Bezug auf das Apportieren primär motiviert.

Sekundäre Motivation oder Fremdmotivation
Ist ein Hund sekundär motiviert, wird er aufgrund äußerer Einflüsse aktiv. Er führt ein bestimmtes Verhalten aus, um etwas anderes damit zu erreichen.
Beispiel: Gehorsamsübungen, wie z. B. das Bei-Fuß-Gehen, sind i. Allg. sekundär motiviert. Der Hund führt das gewünschte Verhalten entweder aus, um eine Belohnung (Zuwendung, Futter etc.) zu erhalten oder um einer Strafe zu entgehen.

LERNEN DURCH BESTÄTIGUNG ODER BELOHNUNG

Eine Bestätigung oder Belohnung erhöht die Wahrscheinlichkeit, dass ein gewünschtes Verhalten zukünftig häufiger und intensiver gezeigt wird. Während zu Beginn eines Lernvorgangs stets jede korrekt ausgeführte Übung bestätigt werden sollte, geht man bei zunehmender Zuverlässigkeit langsam dazu über, nur noch variabel, d. h. jede x. Ausführung in unvorhersehbarer Reihenfolge zu bestätigen.

Eine Belohnung muss stets so zeitnah erfolgen, dass der Hund sie mit dem gewünschten Verhalten verknüpfen kann.

🖙 BESTÄTIGUNG UND BELOHNUNG

	Definition	Formen	Vorteil	Nachteil
BESTÄTIGUNG	Positive Erfahrung, die während eines Verhaltens des Hundes erfolgt.	Primäre Bestätigung.	Auch ohne vorherigen Lernprozess fühlt sich der Hund durch einen primären Bestärker (z. B. Futter, Spielzeug, Zuwendung) in seinem Verhalten bestätigt.	
BESTÄTIGUNG		Sekundäre Bestätigung. Bei einer sekundären Bestätigung nimmt der Hund einen durch einen bereits erfolgten Lernprozess (klassische Konditionierung) eingeführten sekundären Bestärker (z. B. das Clicker-Geräusch) als Versprechen auf eine nachfolgende Belohnung wahr.	Das Verhalten des Hundes kann zeitnah und auch auf größere Distanz bestätigt werden. Die leichte zeitliche Verzögerung der nachfolgenden Belohnung wirkt sich nicht mehr negativ auf den Lernprozess aus.	
BELOHNUNG	Positive Erfahrung, die einem bestimmten Verhalten des Hundes direkt nachfolgt.	Eine Belohnung kann z. B. durch Futter, Beute (Spielzeug) oder Zuwendung (Aufmerksamkeit, Lob usw.) erfolgen.	Eine Belohnung erhöht die Wahrscheinlichkeit, dass das Verhalten in Zukunft häufiger gezeigt wird.	Die Belohnung muss so zeitnah (innerhalb von max. 2 Sekunden!) erfolgen, dass der Hund sein Verhalten mit ihr verknüpfen kann. .

KOMMUNIKATION

Hunde kommunizieren größtenteils über Körpersprache. Sie verfügen über ein großes Repertoire an Signalen, die in vielfältiger Art und Weise kombiniert werden können. Neben optischen Signalen, wie Mimik, Gestik oder Bewegungen, spielen auch Lautäußerungen und die Kommunikation über Gerüche eine Rolle. Der Schwerpunkt menschlicher Kommunikation liegt hingegen eindeutig auf verbaler Ebene. Während körpersprachliche Signale im zwischenmenschlichen Bereich weniger differenziert und weitestgehend unbewusst wahrgenommen werden, reagieren Hunde darauf naturgemäß äußerst feinsinnig. Um Verständigungsschwierigkeiten zu vermeiden, liegt es an Ihnen, sich auf eine „hundegerechte" Kommunikation einzustellen. Aufgrund ihrer ausgeprägten Bereitschaft zum sozialen Lernen, fällt es Hunden relativ leicht, akustische Signale mit bestimmten Aufgaben zu verknüpfen. Da sie beim Hören eines Wortes nicht nur den akustischen Charakter wahrnehmen, sondern auch Betonung, Stimmlage und Mimik miteinbeziehen, ist es ihnen möglich, eine Vielzahl von Wörtern zu unterscheiden, auch wenn sie deren tatsächliche Bedeutung nicht verstehen können.

RICHTIG LOBEN, RICHTIG TADELN

Besondere Bedeutung entfaltet Ihre Stimm- bzw. Tonlage bei der Unterscheidung zwischen erwünschtem und unerwünschtem Verhalten. Während ein Lob immer mit einer hohen, „schmeichelnden" Stimme ausgesprochen werden sollte, sollte ein Tadel von einer tiefen, unfreundlich „knurrenden" Stimme begleitet sein. Neben dem Tonfall sollte auch die Lautstärke der Bedeutung eines Signals angepasst sein. Eine von vornherein sehr laute Stimmlage bietet kaum noch Möglichkeiten, die Intensität zu steigern.
Bei der Erziehung eines Welpen sollte das verbale Lob zunächst immer mit einer für ihn wichtigen Motivation positiv verstärkt werden. Dies kann eine kurze Spielsequenz, eine Streicheleinheit oder auch ein kleiner Leckerbissen sein. Gleiches gilt für auch für ältere Hunde, die gerade zu Beginn einer neuen Übung für jeden erfolgreichen Abschluss zusätzlich zum verbalen Lob bestätigt werden sollten. Wurde die Übung zuverlässig verstanden, kann die zusätzliche Bestätigung nach und nach wieder abgebaut werden, bis sie schließlich nur noch nach dem „Zufalls-Prinzip" erfolgt.

Wichtig! Es darf immer nur eine absolut korrekt ausgeführte Übung bestätigt werden!

Obwohl Hunde erwünschtes Verhalten am effektivsten über eine positive Bestätigung erlernen, erfahren sie schon während ihrer Welpenzeit die Grenzen tolerierten Verhaltens. Die Toleranz, die ihnen während der ersten Lebenswochen von den Alttieren entgegengebracht wird, äußert sich weitgehend in der Ignoranz unerwünschten Verhaltens. Dies ändert sich ab der 9. Lebenswoche grundlegend. Die Alttiere reagieren nun zunehmend unnachgiebig und machen deutlich, dass das Zusammenleben in einer sozialen Gemeinschaft nur mit klaren Regeln funktioniert. Die Welpen lernen dabei nicht nur ihre Grenzen, sondern auch wichtige Kommunikationsregeln kennen. Deutlich zu beobachten sind typische Drohsignale, wie das „Lefzen-Hochziehen" oder das Drohknurren, sowie finale Abbruchsignale wie der Schnauzengriff oder das „Auf-den-Boden-drücken". Innerhalb des Rudels gibt es keine „Grauzonen", sondern nur ein klares Schwarz oder Weiß. Auf die gleiche Weise sollte es auch im menschlichen „Ersatzrudel" ablaufen. Unerwünschtes Verhalten sollte immer sofort mit artgerechter Konsequenz unterbrochen werden. Als Abbruchsignale bieten sich die bereits genannten Signale an. Dabei ist zu berücksichtigen, dass der Welpe nur dann verstehen kann, was Sie von ihm erwarten, wenn es sich um gegensätzliche Zustände,

Auch wenn es wirkt, als könnte Ihr Labrador jedes Wort verstehen, müssen Sie sich auf eine hunde-gerechte Kommunikation einstellen!

also „Ja" oder „Nein" handelt. Nur wenn die Regeln klar und Ihre Reaktionen auf das gezeigte Verhalten immer eindeutig und vergleichbar sind, kann der Welpe lernen, sich entsprechend zu verhalten

DAS RICHTIGE TIMING!

Das A und O für eine erfolgreiche Kommunikation zwischen Mensch und Hund ist das richtige „Timing"! Nur wenn im richtigen Moment, also während oder unmittelbar nach dem entsprechenden Verhalten

(innerhalb von max. 2 Sekunden!), eine Bestätigung oder Korrektur erfolgt, kann der Hund diese auch mit dem gezeigten Verhalten in Zusammenhang bringen und es auf Dauer geformt werden. Am erfolgversprechendsten ist es, ein Verhalten immer bereits im Ansatz zu bestätigen bzw. zu korrigieren. Das richtige Timing spielt auch beim blitzschnellen Umschalten zwischen Tadel und Lob, wenn der Hund z. B. aufgrund einer erfolgreichen Korrektur zur erwünschten Handlung ansetzt, eine wichtige Rolle.

MINIMALPROGRAMM FÜR JEDEN LABRADOR

Grundsätzlich gilt der Labrador als leicht erziehbar, aber das heißt nicht, dass er sich von selbst erzieht! Ein solider Grundgehorsam ist für einen Hund seiner Größe unverzichtbar.

Der einfachste Einstieg in eine sinnvolle Erziehung ist sicher das Absolvieren eines Junghunde- bzw. Begleithundekurses oder der Besuch einer guten Hundeschule. Das Training in einer Gruppe hilft Ihnen nicht nur eine gewisse Routine zu entwickeln, sondern bietet auch Gelegenheit, die Übungen unter verschiedensten Ablenkungen zu festigen. Allerdings ersetzt eine Kurs-Teilnahme nicht das konsequente Umsetzen des Gelernten im Alltag!

AUSBILDUNGSZIEL

Ihr Ausbildungsziel sollte der in allen Lebenslagen verkehrssichere und sozialverträgliche Begleiter sein. Die angebotenen Kurse umfassen meist nicht nur die wichtigsten Erziehungselemente, sondern auch allgemeine Verhaltensregeln. Diese sind schon deshalb wichtig, weil Ihnen nach den Regeln der Tierhalterhaftung (§ 833 BGB) die Verantwortung für das Verhalten Ihres Labradors obliegt.

Ein fachkundig aufgebauter Begleithundekurs gibt Ihnen den „roten Faden" für ein sinnvolles Alltagstraining vor.

SINNVOLLE HÖR- UND SICHTSIGNALE

Nur über einen konsequenten Einsatz lernt Ihr Hund, Ihre Signale mit den gewünschten Verhaltensweisen zu verknüpfen. Jedes einmal gegebene Signal muss deshalb auch konsequenterweise wieder aufgehoben werden. Dies kann entweder durch ein Folge- oder ein gesondertes Auflösungssignal erfolgen, wie z. B. das Signal „Lauf", das den Hund nach dem Heranrufen wieder freigibt.

Es macht durchaus Sinn, sowohl ein verbales Signal als auch ein entsprechendes Pfeif- und Handsignal zu etablieren. Wollen Sie später Ihren Hund während des Spaziergangs abstoppen, um z. B. einen Fahrradfahrer passieren zu lassen, eignet sich ein unmissverständlicher Pfiff viel besser als ein lautstark hinterhergerufenes „Sitz".

Das Fingerschnippen fungiert hier als Auflösungssignal und signalisiert der Hündin, dass sie sich nun frei bewegen darf.

☞ HÖRZEICHEN UND SIGNALE AUF EINEN BLICK

AKTION	VERBALES SIGNAL (DT.)	VERBALES SIGNAL (ENGL.)	PFEIFSIGNAL	HANDZEICHEN
Heranrufen	Hier	Here	Kurzer Doppelpfiff	Seitlich leicht ausgebreitete Arme mit offenen, nach vorne zeigenden Handflächen
Fußlaufen	Fuß	Heel		Kurzes Klopfen auf den Schenkel
Hinsetzen	Sitz	Sit	Langer Einzelpfiff	Zum Hund zeigende, erhobene Handflächen
Ablegen	Platz	Down		Nach unten zeigende Handflächen
Auflösungssignal	Lauf, Frei	Go, Free		Fingerschnippen
Absolutes Verbot	Nein	No		

Die richtige Körperhaltung beim Heranrufen.

DAS HERANRUFEN – „HIER!"

LERNZIEL

Ihr Hund sollte aus jeder Situation, auch unter größter Ablenkung, zuverlässig abrufbar sein!

ERSTE AUFBAUSCHRITTE IM WELPENALTER

Wenn Ihr Züchter Ihren Welpen bereits verbal oder mit einem Pfiff zur Futterschüssel gerufen hat, hat sich das entsprechende Signal in der Regel meist tief eingeprägt und Sie werden überrascht sein, wie gut es auch in der neuen Umgebung funktioniert. Kennt Ihr Welpe das Signal hingegen noch nicht, können Sie es mithilfe des Futternapfes leicht aufbauen:

Rufen Sie jedes Mal, wenn Sie ihn füttern wollen, seinen Namen und geben Sie dann das entsprechende Komm-Signal. Sobald er das Kommen mit dem Signal verknüpft hat, wird er schon beim ersten Klappern der Futterschüssel parat stehen. Spätestens dann müssen Sie Ihre Vorgehensweise variieren und z. B. an unterschiedlichen Orten füttern.

Um das Signal ohne Zuhilfenahme der Futterschüssel weiter zu festigen, sollten Sie es anfangs nur geben, wenn Ihr Welpe bereits auf dem Weg zu Ihnen ist. Damit entgehen Sie der Gefahr, dass er es ignoriert, und haben zudem die Möglichkeit, ihn immer für sein Kommen zu bestätigen.

Achten Sie beim Heranrufen auf Ihre Körpersprache. Eine über den Welpen gebeugte Haltung kann bedrohlich wirken. Gehen Sie deshalb am besten in die Hocke, strecken Sie Ihre Arme mit aufgerichtetem Oberkörper seitlich aus und rufen Sie mit einladend freundlicher Stimme. Neigt Ihr Welpe dazu, nicht von vorn, sondern seitlich auf Sie zuzukommen, sollten Sie sich nicht zu ihm drehen, sondern in ihrer ursprünglichen Stellung verharren, bis er sich selbst korrigiert. Bestätigen Sie ihn erst, wenn er auch wirklich in der richtigen Position angekommen ist!

Beim ersten Üben im freien Gelände sollten Sie einen möglichst ablenkungsarmen Ort wählen und mit sehr kurzen Distanzen beginnen. Ideal wäre es auch, wenn Sie einen Helfer dabei haben, der Ihren Welpen sanft festhalten oder ablenken kann, während Sie sich entfernen. Rufen Sie ihn dann mit Namen und dem entsprechenden Signal zu sich. Falls die Übung gut klappt, können Sie die Distanz Schritt für Schritt vergrößern.

Wichtig! Steigern Sie den Schwierigkeitsgrad der Übungen nur langsam, denn Welpen lassen sich noch sehr leicht ablenken.

Sollte Ihr Welpe trotz aller Umsicht Ihr Komm-Signal ignorieren, drehen Sie sich ein-

fach um und entfernen sich in die entgegengesetzte Richtung. Besinnt er sich und rennt Ihnen hinterher, gehen Sie in die Hocke und bestätigen Sie sein Kommen überschwänglich. Sollte er Ihnen jedoch nicht folgen, verstecken Sie sich und warten ruhig ab. Sobald er Ihr Verschwinden bemerkt und hektisch zu suchen beginnt, können Sie ihn rufen und ihn dann für sein Kommen bestätigen.

Wenn Sie auch nur im Entferntesten damit rechnen müssen, dass Ihr Welpe das Signal ignoriert, weil er z.B. ins Spiel mit anderen Welpen vertieft ist, sollten Sie ihn erst gar nicht rufen, sondern stattdessen ruhig auf ihn zugehen, ihn kommentarlos hochnehmen und mitnehmen.

WEITERE LERNSCHRITTE
Schnelles Herankommen fördern
Für ein schnelles Herankommen müssen Sie seine Motivation steigern. Dies gelingt beim Labrador am besten mit einem Ball und einem sog. „Belohnungsapport". Voraussetzung ist, dass er bereits zuverlässig apportiert. Setzen Sie Ihren Hund in einiger Entfernung ab und rufen Sie ihn. Sobald er in Ihre Richtung startet, holen Sie den Ball aus der Tasche und halten ihn gut sichtbar in der Hand oder werfen ihn sogar ein paar Mal in die Luft. Ist Ihr Hund kurz vor Ihnen angekommen, werfen Sie den Ball durch Ihre Beine hindurch nach

hinten. Es spielt keine Rolle, ob er nun durch ihre Beine oder an ihnen vorbeirennt, um zu apportieren. Bestätigen Sie am Anfang jedes schnelle Kommen mit einem Ballwurf sowie jedes anschließende Bringen.

Sobald die Verknüpfung „Schnelles Kommen = Belohnungsapport" stattgefunden hat, sollten Sie das schnelle Kommen zu einem immer späteren Zeitpunkt bestätigen, bis der Wurf schließlich erst erfolgt, wenn Ihr Hund noch in der Bewegung kurz vor Ihnen angelangt ist. Sobald Ihr Hund über die ganze Distanz hinweg zuverlässig schnell kommt, können Sie beginnen, das schnelle Kommen nur noch variabel mit dem Ballwurf zu bestätigen.

Wichtig! Der Ball darf keinesfalls als Lockmittel missbraucht werden. Sollte Ihr Hund bereits beim Anblick des Balles stehen bleiben und auf den Wurf warten, müssen Sie das Timing Ihres Wurfs überprüfen!

Heranrufen unter Ablenkung
Mit zunehmender Verlässlichkeit können Sie beginnen, moderate Ablenkungen einzubauen, die in der Folge langsam gesteigert werden können (z.B. stillstehende oder sich bewegende Personen mit und ohne Hund).

Verkürzen Sie beim Arbeiten unter Ablenkung am Anfang die Distanz wieder und steigern Sie die Anforderungen nur langsam.

DAS HINSETZEN – „SITZ!"

LERNZIEL
Ihr Hund sollte sich auf Ihr Signal hin schnell setzen und zuverlässig sitzen bleiben, bis er ein neues Signal erhält.

ERSTE AUFBAUSCHRITTE IM WELPENALTER
Parallel zum Herankommen können Sie auch beginnen, das Sitzen zu üben. Sie können dazu sowohl jedes sich selbstständige Setzen des Welpen mit dem Signal „Sitz" sowie einem Leckerchen und/oder einem freundlichen Lob bestätigen, als auch ihn gezielt zum Sitzen animieren. Bei Letzterem bietet sich an, die Sitz- mit der Komm-Übung zu kombinieren. Haben Sie Ihren Welpen mit Unterstützung des Futternapfes zu sich gerufen, halten Sie diesen so lange direkt über seinem Kopf, bis er sich von allein setzt. Sobald er beginnt, sich zu setzen, geben Sie ihm das Kommando „Sitz" und bestätigen ihn, indem Sie ihm den Futternapf hinstellen. Achten Sie dabei unbedingt auf Ihr Timing! Er muss in dem Moment, in dem Sie den Futternapf abstellen, auch wirklich sitzen. Ist er bereits wieder aufgestanden, nehmen Sie den Napf kommentarlos wieder hoch und beginnen die Übung neu. Nur wenn er perfekt sitzt und ein enger zeitlicher Zusammenhang zwischen dem Signal und dem Sitzen vorliegt, kann er es richtig verknüpfen.

Die gleiche Übung können Sie auch mit einem Leckerchen wiederholen, das Sie von der Nase über dem Kopf des Welpen langsam nach hinten führen. Wenn er dem Leckerchen mit dem Blick folgt, wird er sich aus Gründen der Körperbalance unweigerlich hinsetzen. Sobald er beginnt, sich hinzusetzen, geben Sie das Sitz-Signal und bestätigen ihn sofort mit dem Leckerchen. Sobald Ihr Welpe die Bedeutung des Signals verstanden hat, können Sie auch das entsprechende Handzeichen sowie das Pfeif-Signal einführen.

Denken Sie beim Üben immer daran, dass sich Ihr Welpe nur sehr kurze Zeit konzentrieren kann. Beobachten Sie ihn deshalb genau und geben Sie ihm rechtzeitig, d. h. bevor er das Signal selbst auflöst und aufsteht, das Auflösungssignal!

Beherrscht Ihr Welpe das Signal bereits, steht aber trotzdem auf, bevor Sie ihm das Auflösungssignal geben, müssen Sie ihn an die entsprechende Stelle zurückbringen, ihm erneut das Sitz-Signal geben und beim nachfolgenden Versuch die Wartezeit so wählen, dass der Erfolg gesichert ist!

Zusammen mit dem Auflösungssignal können Sie auch den Blickkontakt Ihres Welpen fördern, indem Sie ihm das weiterführende Signal immer erst dann geben, wenn er Sie ansieht.

BEI ALLEN ÜBUNGEN AUF EIN PERFEKTES TIMING ACHTEN!
Bei Misserfolgen gilt es, auch den Übungsaufbau zu überprüfen:
Sind Sie zu schnell fortgeschritten? War die Wartezeit zu lang, die Distanz zu groß oder der Ablenkungsreiz zu stark gewählt? Gehen Sie in diesen Fällen ein paar Schritte zurück und bauen Sie die Übung neu auf!

Sie können Ihren Hund auch umkreisen, um das Sitzen zu festigen. Beginnen Sie zunächst mit einem Viertelkreis vor Ihrem Hund und arbeiten Sie sich dann langsam an einen Vollkreis heran. Sobald Ihr Hund beginnt, sich mitzudrehen oder aufzustehen, müssen Sie ihn von vorn korrigieren und wieder in die Ausgangsposition bringen, bevor Sie die Übung schrittweise wieder neu aufbauen.

WEITERE LERNSCHRITTE
Sitzen unter Ablenkung

Sobald die Grundübung klappt, können Sie anfangen, ablenkende Reize in das Training einzubauen. Gehen Sie nun vom Haus in den Garten oder in die freie Natur. Lassen Sie ihn an verschiedenen Orten Sitz machen, während sich neutral verhaltende Personen vorbeigehen (ohne und mit Hund), während Sie jemanden begrüßen oder Jogger, Fahrradfahrer oder Reiter passieren.

Sitzen und Warten

Sobald Ihr Hund zuverlässig sitzen bleibt, können Sie die Sitzdauer Stück für Stück ausdehnen. Im Alltag gibt viele Möglichkeiten das Sitzen und Warten zu üben, z. B. während des Anziehens für den Spaziergang oder des Zubereitens des Futters. Beim Spaziergang können Sie sich auch einmal ein Stück von Ihrem abgesetzten Hund entfernen, ihn umkreisen oder kurz außer Sicht gehen, bevor Sie ihn für das Sitzen bestätigen.

Der Sitz-Pfiff auf kurze Distanz: Stoppen Sie Ihren Hund mit Handzeichen und Pfeifsignal, nachdem er sich einige Meter entfernt hat.

Sitzen aus der Bewegung am Fuß und auf Distanz

In unserer vielbefahrenen Umwelt ist es für Ihren Hund eine Art „Lebensversicherung", wenn Sie ihn in jeder Distanz auch unter Ablenkung stoppen können.

Schritt 1: Am Fuß Das Sitzen aus der Bewegung knüpft unmittelbar an das korrekte Fußlaufen an (siehe S. 94). Ziel ist zunächst, dass sich Ihr Hund immer, wenn Sie stehen bleiben, selbstständig setzt. Geben Sie immer zuerst das Pfeifsignal zusammen mit dem Handzeichen und im Anschluss daran das verbale Kommando. Auf diese Weise wird Ihr Hund den Pfiff schnell mit der gewünschten Handlung verknüpfen. Vergessen Sie nicht, Ihren Hund zu bestätigen, wenn er sich schnell setzt, und denken Sie daran, das Sitz-Signal wieder aufzulösen! Da Hunde häufig situationsgebundene Nebenverknüpfungen machen, müssen Sie darauf achten, dass Ihr Hund bei der Verknüpfung „Pfeif-Signal/ Handzeichen = Hinsetzen" nicht zusätzlich die Situation des Fußlaufens miteinbezieht. Ansonsten kehrt er später zu Ihnen zurück,

sobald er das Pfeifsignal hört, anstatt sich sofort dorthin zu setzen, wo er gerade ist. Sollte er auf Sie zulaufen, gehen Sie ihm ruhig entgegen und führen ihn zurück zu der Stelle, an der Sie ihn gestoppt haben und geben ihm ein weiteres Sitz-Signal. Um die Verknüpfung zu unterstützen, sollten Sie den Sitz-Pfiff auch in Alltagssituationen nutzen wie z. B. beim Warten vor dem Futternapf, vor der Haustür, vor dem Aus- oder Einsteigen aus dem/ins Auto oder während des Ankleidens für den Spaziergang.

Schritt 2: „Sitz" auf kurze Distanzen Klappt der Sitz-Pfiff am Fuß zuverlässig, können Sie beginnen ihn auf kurze Distanzen während des Freilaufs zu üben. Ziel ist es, das Signal als positiven Erlebnis-Auftakt zu konditionieren. Hat Ihr Hund sich einige Meter von Ihnen entfernt, lassen Sie ihn mit dem entsprechenden Pfiff und dem begleitenden Handzeichen sitzen. Setzt er sich sofort und sieht Sie erwartungsvoll an, können Sie entweder zu ihm gehen und ihn für sein Sitzen bestätigen oder ihm als Bestätigung einen Ball oder ein Dummy werfen, das er dann auf Ihr Signal hin ap-

*Bestätigen Sie ihn entweder an Ort und Stelle für sein Sitzen oder werfen Sie ihm einen „Belohnungs-Apport",
den er auf Ihr Signal hin holen darf.*

portieren darf. Je nach Temperament Ihres Hundes sollten Sie beide Varianten abwechseln. Sollte er Ihr Apportiersignal nicht abwarten, müssen Sie in Zukunft mit einem Helfer arbeiten, der Ihrem Hund zuvorkommen kann. Lassen Sie ihn dann ruhig erfolglos nach dem bereits aufgehobenen Ball oder Dummy suchen und rufen Sie ihn erst zurück, wenn er aufgibt und wieder Kontakt zu Ihnen aufnimmt. Anschließend starten Sie einen zweiten Versuch. Bleibt er sitzen, zählen Sie ruhig bis drei und geben ihm dann erst das Apportiersignal. Auf diese Weise lernt er schnell, dass er nur in Zusammenarbeit mit Ihnen zum Erfolg kommt

Schritt 3: „Sitz" auf größere Distanz Bauen Sie die Distanz erst weiter aus, wenn der Sitz-Pfiff auf kurze Distanzen schon zuverlässig klappt. Da Sie nach wie vor unbedingt vermeiden müssen, dass Ihr Hund zum Erfolg kommt, wenn er Ihr Signal überläuft, sollten Sie gerade bei größeren Distanzen immer mit einem Helfer arbeiten. Diesen können Sie sicherheitshalber auch erst dann werfen lassen, wenn Ihr Hund bereits sitzt.

DER SITZ-PFIFF

Wichtig ist, dass Ihr Hund den Sitz-Pfiff positiv verknüpft, d. h. er sollte ihn als „Pass-auf-Pfiff" und nicht als „Korrektur-Pfiff" empfinden!
Ziel der Kombination aus Sitz-Signal und Ballwurf ist die korrekte Verknüpfung des Sitz-Pfiffs mit dem Sitzen aus der Bewegung heraus.
Falls Ihr Hund den Sitz-Pfiff überläuft, versuchen Sie nicht, ihn ein zweites oder drittes Mal zu stoppen, sondern werden Sie bereits nach dem ersten „überhörten" Pfiff aktiv! Gehen Sie ruhig auf ihn zu, leinen Sie ihn an und bringen Sie ihn zu der Stelle zurück, an der Sie das Signal gegeben haben. Lassen Sie ihn dort sitzen und geben ihm erneut das Sitz-Signal. Gehen Sie dann zu Ihrer ursprünglichen Position zurück und rufen Sie ihn zu sich.
Beim Training des Sitz-Signals auf Entfernung ist es wichtig, dass Sie die Übungen je nach Temperament Ihres Hundes variieren, um seine Aufmerksamkeit und Motivation aufrechtzuerhalten.

Üblicherweise läuft der Hund an Ihrer linken Seite. Sobald sich die Leine spannt, bleiben Sie stehen.

DAS FUSSLAUFEN – „FUSS"

LERNZIEL

Ihr Hund sollte mit und ohne Leine zuverlässig und ohne Ihre Aufmerksamkeit zu beanspruchen bei Fuß gehen!

ERSTE AUFBAUSCHRITTE IM WELPENALTER

Zunächst muss Ihr Welpe lernen, ohne Kommando an locker durchhängender Leine in Ihrer Nähe zu bleiben. Dazu benötigen Sie unbedingt eine ausreichend lange Leine. Ist sie zu kurz, wird es ihm beinahe unmöglich, sich richtig zu verhalten, und er gewöhnt sich schnell an den Zug der gespannten Leine. Ähnlich verhält es sich, wenn Sie Ihren Welpen die Laufrichtung vorgeben lassen. Er lernt dabei nur, dass Sie ihm überall hin folgen, wenn er nur an der Leine zieht. Ihre ersten Übungen sollten so gestaltet sein, dass seine Motivation, in Ihrer Nähe zu bleiben, die des Davonstrebens überwiegt. Dabei ist nicht nur eine möglichst ablenkungsarme Umge-

bung hilfreich, sondern auch ein für den Welpen interessanter Motivationsgegenstand (z. B. ein Leckerchen oder Spielzeug). Damit gelingt es Ihnen i. Allg. leicht, seine Aufmerksamkeit zu gewinnen und für die kurze Dauer der Übung zu erhalten. Sollte sie dennoch abbrechen und der Welpe vorzeitig von Ihnen wegstreben, bleiben Sie einfach so lange stehen, bis er sich Ihnen wieder zuwendet. Sobald Sie seine Aufmerksamkeit zurückgewonnen haben, bestätigen Sie ihn für die selbstständige Kontaktaufnahme. Gehen Sie anschließend noch einige Schritte an der lockeren Leine weiter, bevor Sie ihn für das nun korrekte Verhalten an der Leine bestätigen und die Übung beenden.

WEITERE LERNSCHRITTE MIT UND OHNE LEINE IM ALLTAG
Den Hund in die erwünschte Fuß-Position bringen

Voraussetzung für eine gute Fuß-Arbeit ist, dass Ihr Hund auf Sie konzentriert ist. Er muss lernen, sich an Ihrer Gangart und Ihrem Tempo zu orientieren. Um ihn zunächst in

Sobald Ihr Hund wieder Kontakt zu Ihnen aufnimmt, ...

die richtige Fuß-Position zu bringen, ist ein Motivationsgegenstand, wie ein Leckerchen oder ein Ball, hilfreich. Soll er künftig an Ihrer linken Seite laufen, ist es wichtig, das Leckerchen oder den Ball auch in der linken Hand zu halten. Ansonsten wird er versuchen, schräg vor Ihnen zu laufen, um den Gegenstand im Auge behalten zu können. Achten Sie immer genau darauf, was Sie bestätigen! Der Erfolg Ihres Vorgehens hängt von Ihrer Beobachtungsgabe und Ihrem Timing ab! Beispiel: Ihr Hund läuft in korrekter Position. In dem Moment, in dem Sie die Hand senken, um ihn dafür zu bestätigen, springt er Ihrer Hand entgegen. Würde er nun das Leckerchen bekommen, wurden Sie ihn nicht für das korrekte Fuß-Laufen, sondern für das Hochspringen bestätigen!

Das richtige Verhalten richtig verstärken

Immer wenn sich der Hund in der richtigen Position befindet, wird er bestätigt. Die Verknüpfung des Hundes sollte sein: Diese Position und die lockere Leine lohnen sich für mich.

... bestätigen Sie ihn für seine selbstständige Kontaktaufnahme, bevor Sie noch einige Schritte in der korrekten Fuß-Position an der nun lockeren Leine weitergehen und die Übung dann beenden.

01

02

Und weil es sich lohnt, wird er dieses Verhalten von sich aus immer öfter anbieten. Sobald er dies tut, bestätigen Sie ihn zunehmend nur noch, wenn er sie auch ein paar Schritte lang beibehalten hat.

Verbales Signal einführen

Wenn Ihr Hund immer öfter selbstständig die entsprechende Fuß-Position einnimmt, können Sie ein verbales Signal oder ein Handzeichen einführen. Er bekommt dieses Signal immer dann, wenn er sich der richtigen Position befindet. So wird er schnell das Signal mit seinem Verhalten verknüpfen. In der Lernphase müssen Sie das Signal unbedingt zeitgleich mit dem Beginn des erwünschten Verhaltens geben. Zögern Sie zu lang und Ihr Hund hat schon dazu angesetzt, die Fuß-Position wieder zu verlassen, kommt es unter Umständen zu einer Fehlverknüpfung.

Erlerntes festigen

Grundsätzlich soll Ihr Hund mit zunehmendem Trainingserfolg das erwünschte Verhalten nun immer etwas länger zeigen, bevor Sie ihn bestätigen. Auch wenn Ihr Lernziel letztlich erreicht ist, sollten Sie darauf achten, ihn auch weiterhin immer mal wieder zu bestätigen. Manche Hunde verlieren sonst schnell die Motivation.

Um seine Motivation, Aufmerksamkeit und Konzentration zu fördern und zu erhalten, sollten Sie Ihre Übungseinheiten ferner möglichst variantenreich gestalten. Dabei bieten sich neben Richtungs- und Geschwindigkeitswechseln, auch Stopps und Ablenkungen aller Art sowie wechselnde Umgebungen an. Ein steiles Bergauf- oder -ablaufen erfordert beispielsweise eine wesentlich höhere Konzentrationsleistung als Geradeauslaufen im gleichmäßigen Tempo.

03

01 – 04 Drehen Sie sich bei Richtungsänderungen anfangs immer zu Ihrem Hund. Dies verhindert sein Wegstreben und hilft, ihn in der korrekten Position zu halten.

Freifolge

Der Weg vom korrekten Gehen an der Leine bis hin zur Freifolge sollte schrittweise aufgebaut werden. Um ein seitliches Ausweichen zu verhindern, bietet sich anfangs z. B. das Üben neben einem Zaun an.

Schritt 1: Gehen Sie zunächst ein kurzes Stück an der Leine, lassen Sie die Leine dann unauffällig fallen und gehen Sie ein paar Schritte weiter. Nehmen Sie die Leine im Gehen wieder auf und bestätigen Sie Ihren Hund für das korrekte Laufen.

Schritt 2: Gehen Sie zunächst ein kurzes Stück an der Leine, bleiben Sie dann stehen und lassen Sie Ihren Hund sitzen. Wickeln Sie die (Moxon-)Leine so um seinen Hals, dass die Handschlaufe nach hinten über seinen Rücken ragt. Zum einen vermitteln Sie

ihm so beim Weitergehen das Gefühl, nach wie vor unter Ihrer Kontrolle zu stehen und zum anderen haben Sie immer noch die Möglichkeit ihn notfalls mittels eines kurzen Griffs an die Handschlaufe zu korrigieren. Geben Sie ihm das Signal „Fuß" und gehen Sie ganz betont mit dem linken Bein los. Beginnen Sie mit wenigen Schritten. Mit zunehmender Sicherheit können Sie die Distanz allmählich ausweiten und sanfte Richtungsänderungen einbauen.

Schritt 3: Gehen Sie zunächst ein kurzes Stück an der Leine, bevor Sie ihn ableinen. Behalten Sie die Leine danach die ersten Male noch in der Hand, da sie immer noch Ihre Kontrolle signalisiert. Beginnen Sie wieder mit kurzen Distanzen und steigern Sie die Anforderungen in puncto Richtungsänderungen nur langsam.

Die nach unten zeigende Handfläche als typisches Signal für das Ablegen.

DAS ABLEGEN – „PLATZ"

LERNZIEL

Ihr Hund sollte sich auf Ihr Platz-Signal hin zuverlässig an einer bestimmten Stelle hinlegen und dort so lange bleiben, bis Sie zurückkommen und das Signal auflösen.

ERSTE AUFBAU-SCHRITTE IM JUNGHUNDEALTER

Das Einführen des Platz-Signals macht erst Sinn, wenn das Sitz-Signal schon zuverlässig klappt. Lassen Sie Ihren Junghund sitzen und gehen Sie neben ihm in die Hocke. Mithilfe eines Leckerchens, das Sie gut sichtbar in der rechten Hand halten, versuchen Sie ihn nun zum Liegen zu animieren. Dazu führen Sie das Leckerchen von der Hundenase aus in einer L-Bewegung Richtung Boden und nach vorne. Beim Versuch, dem Leckerchen mit der Nase zu folgen, wird er sich unweigerlich hinlegen. Unterstützend können Sie Ihre linke Hand auf seinen Rücken legen und ohne viel Druck verhindern, dass er aufsteht. Sobald er vollständig liegt, also sowohl Bauch als auch

Während Bracket abgelegt verharren muss, wird die Junghündin Teal an ihm vorbei abgerufen.

Ellbogen den Boden berühren, geben Sie ihm das Platz-Signal und bestätigen ihn mit dem Leckerchen. Lassen Sie ihn anfangs nur zwei, drei Sekunden liegen, bevor Sie ihn wieder Sitz machen lassen und ihn dann mit Ihrem Auflösungssignal freigeben. Sobald er das Platz-Signal verstanden hat, können Sie an einer möglichst schnellen Ausführung arbeiten und die Zeitspanne des Liegens schrittweise verlängern.

Wichtig: Da das Abrufen aus der Platz-Lage weder Bestandteil der Begleithundeprüfungen der Rassezuchtvereine noch bei jagdlichen Prüfungen generell üblich ist, sollten Sie Ihren Labrador immer vor Ort abholen und ihn dort bestätigen. Achten Sie unbedingt darauf, stets noch einige Sekunden zu warten, bevor Sie ihm das Sitz-Signal geben, um zu vermeiden, dass er sich bereits bei Ihrer Annäherung aufrichtet.

Auch wenn Teal ihre leichte Unsicherheit durch Züngeln signalisiert, ist das Platz-Signal doch bereits so gefestigt, dass sie das Passieren von Bracket aushält.

WEITERE LERNSCHRITTE FÜR DAS ABLEGEN

Schnelles Hinlegen fördern

Sobald Ihr Hund das Platz-Signal beherrscht, können Sie ihn durch Ihre Körpersprache zum möglichst schnellen Ablegen animieren. Lassen Sie ihn dafür absitzen und gehen Sie dann selbst schnell in die Hocke. Bewegen Sie jetzt das Leckerchen blitzschnell von der Hundenase aus in einer L-Bewegung Richtung Boden und nach vorne. Bestätigen Sie Ihren Hund bei diesem Übungsschritt nur für eine zügige Ausführung!

Distanz-Aufbau

Bauen Sie langsam Distanz zu Ihrem abgelegten Hund auf, bevor Sie ihn wieder abholen. Sobald er sicher liegen bleibt, können Sie weiter variieren (z. B. ihn umkreisen oder kurz außer Sicht gehen). Um sicherzustellen, dass Ihr Hund dort liegen bleibt, wo Sie ihn abgelegt haben, sollten Sie ihn entweder an einem markanten Punkt ablegen oder aber einen Gegenstand, z. B. die Leine, neben ihn legen. Sollte er auch nur das kleinste Stückchen hinter ihnen her „robben", müssen Sie ihn korrigieren. Leinen Sie ihn an und bringen Sie ihn exakt zu der ursprünglichen Ablegestelle zurück, bevor Sie die Übung wiederholen.

Ablegen unter Ablenkung

Wenn Sie beginnen, mit Ablenkungen zu arbeiten, sollten Sie sowohl die Dauer der Übung als auch die Distanzen zunächst wieder verkürzen, um Ihren Hund notfalls schnell korrigieren zu können. Beginnen Sie beispielsweise mit passierenden neutralen Einzelpersonen und steigern Sie die Ablenkungssituation dann langsam und variantenreich, indem Sie z. B. auch selbst kurzzeitig außer Sicht gehen.

Bei den Begleithundeprüfungen der Rassezuchtvereine gibt es auch ein einfaches Apportierfach.

BEGLEITHUNDE-PRÜFUNGEN

Begleithundeprüfungen werden sowohl von verschiedenen dem VDH angeschlossenen Ausbildungsvereinen als auch von den rassebetreuenden Vereinen angeboten.

BEGLEITHUNDEPRÜFUNG DES VDH

Die Begleithundeprüfung des VDH beinhaltet einen Verhaltenstest und Sachkundenachweis (BH-VT/SK).
Während auf dem Übungsplatz zunächst die Grundelemente wie Leinenführigkeit, Freifolge, Sitz aus der Bewegung und Ablegen in Verbindung mit Herankommen sowie unter Ablenkung geprüft werden, steht bei der Prüfung im Verkehr das Verhalten des Hundes im öffentlichen Verkehrsraum im Mittelpunkt. Ziel ist, die Sozialverträglichkeit des Hundes gegenüber Mensch und Tier sowie seine allgemeine Umweltsicherheit festzustellen. Entscheidendes Kriterium ist dabei der Gesamteindruck des Hundes.

Sachkundenachweis des Hundeführers

Die Sachkunde kann entweder unmittelbar vor der Prüfung oder durch Vorlage eines VDH-Hundeführerscheins, einer entsprechenden Bescheinigung des Amtstierarztes oder einer bereits mit einem anderen Hund abgelegten Begleithundeprüfung (Leistungsheft) nachgewiesen werden. Die Prüfungsfragen erstrecken sich vom Allgemeinwissen über den Hund bis hin zu speziellen Fragen über Hundekrankheiten, Hundehaltung und deren gesetzliche Grundlagen.

Verhaltenstest

Vor der Zulassung zur BH-Prüfung wird der Hund einer Unbefangenheitsprobe unterzogen. Verhält er sich dabei gegenüber fremden Menschen nicht neutral, ist er von der weiteren Prüfung ausgeschlossen. Mit Ausnahme der stets durchzuführenden Identitätskontrolle ist es dem Leistungsrichter überlassen, wie er den Test gestaltet. Er sollte jedoch unter normalen Umweltbedingungen und an einem neutralen Ort stattfinden.

BEGLEITHUNDEPRÜFUNGEN DER RASSEZUCHTVEREINE

Die Begleithundeprüfungen des DRC und LCD unterscheiden sich nicht nur hinsichtlich der Zulassungsvoraussetzungen, sondern auch bezüglich einzelner Prüfungsfächer. So gibt es unter Berücksichtigung der rassetypischen Anlagen auch ein Apportierfach sowie eine Überprüfung der Schussfestigkeit.

Weitere Unterschiede ergeben sich beim Ablegen unter Ablenkung und beim Abrufen aus Platzlage, das bei Jagdhundeprüfungen generell nicht üblich ist.

Wichtig: Die Vereinsprüfungen der Rassezuchtvereine werden in einigen Hundesportbereichen nicht oder nur begrenzt als Zulassungsvoraussetzungen anerkannt.

Die Leinenführigkeit ist nicht nur ein wichtiger Prüfungsbestandteil der Begleithundeprüfungen, sondern auch das A und O für einen angenehmen Begleiter im Alltag!

DER LABRADOR
— *als Reitbegleithund*

01

Die Ausbildung zum Reitbegleithund ist eine große Herausforderung! Da Pferd und Hund ihre Umwelt unterschiedlich wahrnehmen, kann ein harmonisches und sicheres Miteinander nur über eine umsichtige Gewöhnung und eine solide Ausbildung aller Beteiligten gelingen. Aufgrund seiner Anpassungsfähigkeit, Lernfähigkeit und Führigkeit eignet sich der Labrador sehr gut für diese anspruchsvolle Aufgabe. Da er nicht zu den Hetz- und Sichtjägern zählt, ist sein Jagdverhalten i. Allg. gut zu kontrollieren. Die Gewöhnung an Pferd und Stall beginnt am besten schon im Welpenalter. Für erste Kontakte ist es sinnvoll, wenn Sie Ihren Welpen neben dem angebundenen Pferd auf den Arm nehmen, sodass beide Stück für Stück eine gewisse Vertrautheit aufbauen können. Während das Pferd lernen muss, seinen Fluchtinstinkt zu unterdrücken, muss Ihr Welpe lernen, die Individualdistanz des Pferdes zu respektieren. Wenn er versuchen sollte, diese z. B. durch „Mundwinkellecken" zu unterschreiten, sollten Sie eingreifen. Da dieses Verhalten von Pferden nicht als Begrüßungsritual verstanden wird, kann es zu ausweichenden oder gar abwehrenden Reaktionen führen.

01 *Ein harmonisches Miteinander von Pferd und Hund ist möglich!*

02 *Damit die Individualdistanz des Pferdes gewahrt wird, sollte der Hund nicht zu nah am Pferd laufen. Die beste Position liegt zwischen dessen Vor- und Hinterhand.*

03 *Ein gut eingespieltes Team! Da nicht jedes Pferd das Anlehnen des Hundes toleriert, sollten Sie Ihren Hund von Anfang ermutigen, sich beim An- bzw. Ableinen an Ihrem Bein abzustützen.*

04 *Es bedarf einer umsichtigen Gewöhnung, um diesen Grad an Vertrautheit zwischen Hund und Pferd aufzubauen.*

02   04

Erst wenn Ihr Labrador ein vernünftiges Grunderziehungsprogramm durchlaufen hat, jederzeit abrufbar ist, ordentlich mit und ohne Leine bei Fuß läuft, sich zuverlässig absetzen bzw. ablegen lässt, ist er bereit für das weiterführende Training zum Reitbegleithund. Wesentliche Trainingselemente sind dabei vor allem das Heranrufen an das Pferd, die richtige Position neben dem Pferd, das An- und Ableinen sowie die Leinenführigkeit vom Sattel aus. Anerkannte Ausbildungen bietet z. B. die Vereinigung der Freitzeitreiter und -fahrer in Deutschland e. V. (VFD e. V.) an.

03

UNERWÜNSCHTES VERHALTEN

ANSPRINGEN

Gerade das manchmal zu überschäumende, kontaktfreudige Wesen des Labradors kann im Alltag zu Konflikten führen. Nicht jeder Passant freut sich wild wedelnd begrüßt oder gar angesprungen zu werden. Schon deshalb sollte bereits Ihr Welpe lernen, dass das Hochspringen an Personen nicht erwünscht ist. Da es im Welpenalter jedoch von den meisten Menschen toleriert und sogar unwillkürlich mit Zuwendung bestätigt wird, ist es besonders wichtig, dass sich alle Familienmitglieder einig sind, wie sie darauf reagieren wollen.

Gehen Sie zum Begrüßen am besten immer in die Hocke und halten Sie Ihren Welpen sachte fest, während Sie ihn ruhig streicheln. Gestreichelt wird jedoch nur, wenn alle vier Pfoten den Boden berühren.

Springt er jedoch an Ihnen hoch, um Aufmerksamkeit zu bekommen, drehen Sie sich einfach um 180 Grad um und ignorieren sein Verhalten. Wenn es keine Bestätigung findet, wird er schnell ein Alternativverhalten anbieten. Sollte er dabei zufällig ruhig stehen bleiben oder sich setzen, bestätigen Sie ihn unverzüglich dafür. Wenn alle Familienmitglieder konsequent reagieren, wird er schnell verknüpfen, welches Verhalten sich für ihn lohnt.

Wichtig: Ignorieren heißt vollständiges und konsequentes Nichtbeachten!

Hat der Hund bereits gelernt, dass sein Hochspringen Beachtung findet, reicht ein Ignorieren i. Allg. nicht mehr aus. Es bleibt Ihnen dann nichts anderes übrig, als das Verhalten „negativ" zu unterbrechen. Beobachten Sie ihn dazu genau und unterbinden Sie sein Vorhaben schon im Ansatz. Je nach Hunde-Typ kann bereits ein knurrendes „Nein" mit einer entsprechend bedrohlichen Körperhaltung

ausreichend sein. In der Phase der Umkonditionierung müssen Sie unbedingt dafür sorgen, dass er tatsächlich nicht die Gelegenheit bekommt, jemanden anzuspringen. Instruieren Sie deshalb auch Ihre Besucher entsprechend. Im Bedarfsfall können Sie ihn, während Sie selbst an die Haustür gehen, kurzfristig in der Nähe anbinden oder ihm mithilfe eines Hundetürschutzgitters den direkten Zugang zur Haustür verwehren. Erst wenn er sich beruhigt hat, darf er den Besuch unter kontrollierten Bedingungen (z. B. an der Leine) begrüßen.

Unterwegs bleibt Ihnen nur die Möglichkeit, ihn jedes Mal rechtzeitig heranzurufen, sobald sich ein Passant nähert. Notfalls können Sie ihn auch übergangsweise mit einer Schleppleine sichern, bis sein Gehorsam so gefestigt ist, dass er sich jederzeit abrufen lässt.

Nehmen Sie ihn deshalb rechtzeitig bei Fuß ...

Nicht jeder Passant toleriert das aufgeschlossene, aber auch ungestüme Wesen so manchen Labradors.

... und geben Sie ihm kurz vor Erreichen der Passanten ein deutliches Sitz-Signal.

In der Trainingsphase können Sie durch ein kurzes Gespräch die Sitz-Dauer ausdehnen und das Signal unter Ablenkung festigen.

RÜPELHAFTES BENEHMEN GEGEN-ÜBER ARTGENOSSEN

Eine weitere Schwäche mancher Labradors zeigt sich in einer rüpelhaften „Distanzlosigkeit" gegenüber Artgenossen. Ihre sehr körperbetonte Spielweise lässt sie in ihrem Überschwang etwaige Abwehr- oder Drohgesten ihres Gegenübers schlichtweg übersehen. So kann ein „kumpelhaftes" Anrempeln schnell zum Auslöser für ernste Auseinandersetzungen werden. Zudem birgt es eine nicht unerhebliche Verletzungsgefahr für kleinere Hunde. Sollte Ihr Labrador zu den „Rambos" seiner Rasse gehören, dürfen Sie ihn nur kontrolliert mit anderen Hunden spielen lassen. Wird sein Spiel zu grob, sollten Sie es unverzüglich unterbrechen. Sorgen Sie im Gegenzug für ausreichend sinnvolle Beschäftigung. Anregungen finden Sie ab S. 116.

Um Situationen wie diese überhaupt nicht erst entstehen zu lassen ...

... sollten Sie sich von Anfang an darüber klar werden, wie sich Ihr Labrador während der Familienmahlzeiten zu verhalten hat.

BETTELN AM TISCH

Eine große Schwäche des Labradors ist seine Verfressenheit. Labradors fressen leidenschaftlich gerne und so ziemlich alles. Um ein Betteln bei Tisch zu vermeiden, muss sich Ihre Familie vom ersten Tag an darüber einig sein, wie sich das neue Familienmitglied während des Essens zu verhalten hat. Grundsätzlich sollte ausgeschlossen sein, dass Ihr Hund sich selbstständig am Tisch bedienen kann. Dass er hingegen niemals etwas vom Tisch bekommen sollte, um ihn nicht zum Betteln zu animieren, ist so nicht richtig! Denn auch hier kommt es entscheidend darauf an, welches Verhalten Sie mit einer Futtergabe vom Tisch verstärken würden. Reckt er seine Nase auf den Tisch und stupst Sie an? Oder starrt er nur in stillem Speichelfluss auf Ihr Tun?

Eine Bestätigung zu diesem Zeitpunkt würde dazu führen, dass er diese Verhaltensweisen in Zukunft häufiger und intensiver zeigen würde. Legt er sich hingegen nach einiger Zeit der Nichtbeachtung ruhig unter den Tisch oder geht selbstständig zu seinem Platz, würde eine unmittelbar folgende Futtergabe – auch wenn sie vom Tisch stammt – das Hinlegen bzw. das Aufsuchen seines Platzes verstärken.

UNERWÜNSCHTES JAGDVERHALTEN

Das Jagdverhalten des Labradors ist angeboren und entwickelt sich unter dem Einfluss von Umwelterfahrungen lebenslang weiter. Auch wenn er nicht zu den klassischen Sicht- und Hetzjägern gehört, gibt es individuelle Unterschiede. Diese können vor allem dann zum Problem werden, wenn Ihr Labrador nicht ausreichend beschäftigt und viel sich selbst überlassen wird. Da das Jagen ein Verhalten mit selbstbelohnendem Charakter ist, lässt es sich, einmal etabliert, meist nur schwer wieder abstellen.

... als auch das Anpirschen bereits zu den typischen Elementen des Jagdverhaltens eines Hundes.

ANTIJAGDTRAINING

Zunächst bleibt festzuhalten: Das Jagdverhalten eines Hundes gänzlich zu unterdrücken ist weder artgerecht noch sinnvoll! Um die Situation besser einschätzen zu können, sollte Ihnen bewusst sein, dass sich das Jagdverhalten von Hunden nicht nur im Hetzen von Wild erschöpft, sondern vielfältige Ausprägungen unterschiedlicher Intensität haben kann. Dazu gehören sowohl das Stöbern im Gebüsch, das Verfolgen von Spuren, das Buddeln von Mäuselöchern, das Anpirschen an Vögel als auch Beutespiele aller Art. Bereits in der Rudelordnungsphase (17. bis 24. Lebenswoche) lernt der Junghund, welche Jagdobjekte sich lohnen und welchen Nutzen die Rangordnung für eine erfolgreiche Jagd hat. Wenn Ihr Labrador in dieser Zeit die Erfahrung macht, dass es sich in irgendeiner Weise lohnen könnte, einen Hasen zu hetzen, ist es höchste Zeit, die Gründe zu reflektieren und umgehend zu handeln!

Auch wenn die Ernsthaftigkeit und Nachdrücklichkeit im Verhalten der 7 Wochen alten Welpen noch fehlt, zählen sowohl das „Totschütteln" ...

	WAS TUN?	WIE?	MASSNAHMEN	LERNZIELE
01	Unerwünschtes Verhalten unterbrechen bzw. vermeiden	Erstmaßnahme: Ihr Hund läuft während des Spaziergangs nur noch mit Schleppleine und gut sitzendem Geschirr (je nach Leinenmaterial evtl. Handschuhe tragen!).	Wählen Sie zu Beginn des Trainings ein möglichst reiz- bzw. wildarmes Gelände. Konzentrieren Sie sich auf Ihren Hund und achten Sie auf erste Anzeichen. Sie geben die Richtung des Spaziergangs vor, variieren Sie dabei und laufen Sie für Ihren Hund unvorhersehbar.	Er darf fortan keine Möglichkeit mehr bekommen, sein Jagdverhalten unkontrolliert auszuüben. Er soll lernen, sich an Ihnen zu orientieren.
02	Konsequenz und Impulskontrolle im Alltag	Überprüfen Sie den konsequenten Gebrauch Ihrer Signale.	Nur über Konsequenz lernt Ihr Hund, Ihre Signale auch mit den gewünschten Verhaltensweisen zu verknüpfen. Gehorsam jeglicher Art ist i. d. R. sekundär motiviert, d. h. das erwünschte Verhalten muss sich für den Hund lohnen (z. B. über Futter).	Aufpolieren des Gehorsams auch unter ablenkenden Reizen.
		Impulskontrolle heißt, die Erwartungshaltung Ihres Hundes zu kontrollieren!	Warten vor dem Futternapf, vor dem Öffnen der Haustür, vor dem Herausspringen aus dem Auto etc.	Impulskontrolle im Alltag ist der erste Schritt zur allgemeinen Impulskontrolle.
03	Alternativverhalten aufbauen	Durch anlagengemäße Beschäftigung: Für den Labrador heißt das Apportieren in allen Varianten!	Der Labrador ist in Bezug auf das Apportieren primär motiviert, d. h. es bedarf i. d. R. keiner weiteren Motivation. Neben kleinen Apportieraufgaben während des Spaziergangs (z. B. das Arbeiten von ausgelegten Dummys) ist ein gezielt aufgebautes Dummy-Training unter fachkundiger Anleitung zu empfehlen.	Anlagegemäßes, kontrolliertes Ausleben des Jagdverhaltens. Physische und mentale Auslastung. Festigung eines Abbruchsignals für das Jagdverhalten (z.B. Sitz-/Stopp-Pfiff, siehe S. 92)
			Nicht apportierfreudige Hunde können evtl. mit Fell- oder Futter-Dummys motiviert werden oder ihnen kann alternativ Nasenarbeit jeglicher Art angeboten werden.	Sinnvolles Training der Standruhe mit stärkeren Reizen (wie z. B. bewegter Beute).

01

02

03

01 Impulskontrolle auf höchster Ebene: Ruhig hält der Rüde das vorbeiflitzende „Hasen-Dummy" aus.

02 Um zu verhindern, dass Ihr Labrador sein Jagdverhalten während des Spaziergangs unkontrolliert ausleben kann, sollten Sie ihn zunächst nur noch mit Schleppleine und einem gut sitzenden Geschirr laufen lassen!

03 Die Hündin zeigt deutlich, dass sie bereits eine Spur verfolgt – spätestens jetzt müssen Sie eingreifen! Besser wäre jedoch, ihr Jagdverhalten bereits im Ansatz zu unterbrechen!

04 Kleine Apportieraufgaben, wie z. B. das Auslegen und Arbeiten von Dummys, können helfen ein sinnvolles Alternativverhalten aufzubauen!

04

DER ALLTAG MIT KINDERN

Die Kinderfreundlichkeit des Labradors beruht vor allem darauf, dass er meist einen sehr geduldigen Umgang mit Kindern zeigt und sich bei Konflikten eher zurückzieht oder ausweicht, anstatt die Gegeninitiative zu ergreifen.

Und doch hängt seine Toleranz entscheidend von seinem individuellen „Nervenkostüm" und seinen bisherigen Erfahrungen ab. Aus diesem Grund müssen beide, Kind und Hund, lernen, unter Ihrer Anleitung miteinander umzugehen.

BABYS UND KLEINKINDER

Die größte Gefahrenquelle in diesem Alter sind unbeabsichtigte, kommunikative Missverständnisse. Das gilt insbesondere für Kinder, die schon mobil sind. Wenn sie auf den Hund zukrabbeln, kann es schnell zu einer Situation kommen, in der er sich bedrängt oder verunsichert fühlt. Ähnliches gilt auch für das unabsichtliche Fixieren (Anstarren) oder unerwartete „Liebesbezeugungen". Da von einem Kind in diesem Alter nicht erwartet werden kann, etwaige Warnsignale des Hundes richtig zu deuten, kann es unvermittelt zu Eskalationen kommen.

Gerät das Kind an eine vom Hund nicht mehr tolerierbare Grenze, wird er es mit den gleichen Erziehungssignalen zurechtweisen, die er gegenüber einem Welpen anwenden würde. Dies kann für das Kind nicht nur zu Negativerfahrungen führen, sondern im schlimmsten Fall auch schmerzhaft sein. Deshalb sollten kleinere Kinder auch mit i. Allg. gut sozialisierten Labradors niemals alleingelassen werden!

SCHULKINDER VON 6 BIS 12 JAHREN

Erst ab etwa 6 Jahren sind Kinder in der Lage, einfache Grundregeln im Umgang mit dem Hund konsequent umzusetzen. Langsam bekommen sie eine Vorstellung davon, wie Hunde kommunizieren und warum beispielsweise das Fixieren oder das Vornüberbeugen auf den Hund bedrohend wirken, während das aufrechte Gehen und Ignorieren ihm gegenüber Souveränität vermitteln.

Wichtig! Probleme mit dem Hund dürfen immer nur mithilfe eines Erwachsenen gelöst werden. In einer Konfliktsituation sollten Kinder sich am besten ruhig umdrehen und weggehen! Das signalisiert mehr Souveränität, als der erfolglose Versuch sich durchzusetzen. In Abhängigkeit vom individuellen Reifegrad können Sie davon ausgehen, dass sich Ihr Hund bis etwa zur Pubertät Ihres Kindes als ranghöher einstuft. Trotzdem sollten Sie keinerlei Gesten dulden, mit denen er dies Ihrem Kind gegenüber zu demonstrieren versucht. Übertragen Sie Ihrem Kind vielmehr kleinere Aufgaben, die es im Ansehen des Hundes steigen lassen. Dafür bieten sich beim Labrador, der i. Allg. keine Beuteaggression besitzt, neben dem Bürsten und kleineren Gehorsamsübungen, auch das Füttern unter Ihrer Anleitung und Aufsicht an. Weisen Sie Ihr Kind seinem Alter entsprechend an und achten Sie selbst auf die stets korrekte Ausführung durch Ihren Hund.

Da kommunikative Missverständnisse zwischen Kleinkind und Hund nicht ausgeschlossen werden können, sollte immer eine erwachsene Person anwesend sein!

Apportierspiele: Ja! Zerrspiele: Nein! Nur zu leicht würde der Hund immer wieder die Erfahrung machen, dass das Kind ihm die Beute überlassen muss.

KIND UND HUND ALLEIN UNTERWEGS

Ab welchem Alter Kinder allein mit dem Hund spazieren gehen können, hängt von ihrer individuellen Reife ab. Solange Ihr Hund sich als ranghöher einstuft, wird er entweder selbst die Führung übernehmen wollen oder durch die mangelnde Kompetenz des Kindes verunsichert reagieren. Beides kann zu Gefährdungssituationen für Kind, Hund und andere Personen führen. Ein weiterer nicht zu unterschätzender Punkt ist, dass es Kindern in der Regel schlichtweg an Kraft fehlt, um einen losstürmenden Labrador aufhalten zu können. Erst ab einem Alter von 12 bis 14 Jahren sind Kinder in ihrer körperlichen und mentalen Entwicklung weit genug, um unter sachkundiger Anleitung mehr Verantwor-

tung zu übernehmen. Sie sind dann in der Lage, die Rangordnung gegenüber dem Hund bewusst zu „leben" und ein entsprechendes Verständnis für Verhalten, Ausdruckformen und Lernen des Hundes zu entwickeln.

ALTERNATIVEN ZUM SPAZIERENGEHEN

Da Labradors für Spiele jeglicher Art zu haben sind, bieten sich als Beschäftigungsmöglichkeiten für Kinder nicht nur Such- oder Apportierspiele an, sondern auch das Einstudieren kleiner Tricks, wie Pfote geben, Winken oder Slalom durch die Beine laufen. Aber auch ein „Agility-Kurs" für Kinder kann eine schöne Alternative zum Spazierengehen sein. Er ermöglicht Ihrem Kind, unter fachgerech-

ter Betreuung mit dem Hund aktiv zu werden. Dies kommt nicht nur Ihrem Labrador zugute, sondern fördert auch das Körperbewusstsein, die Koordination, die Teamfähigkeit und nicht zuletzt das Selbstvertrauen Ihres Kindes!

Auch wenn in seriösen Hundeschulen kindgerechte Gehorsamsübungen in die Kurse integriert werden und der Hund auf spielerische Weise lernt, das Kind als Führungspersönlichkeit zu akzeptieren, sind ein solider Grundgehorsam und das untadelige Verhalten gegenüber Artgenossen unabdingbare Voraussetzungen für die Teilnahme. Achten Sie bei der Wahl der Hundeschule darauf, dass es sich um kleine Kurse mit nicht mehr als 5 bis 6 Kind-Hund-Teams vergleichbarer Alters- bzw. Ausbildungsstufen handelt, denn nur so ist eine individuelle Betreuung gewährleistet.

Kind und Hund können zu einem tollen Team heranwachsen – aber die Verantwortung für beide liegt bei Ihnen! Sie sollten erst dann allein unterwegs sein, wenn der Hund eine solide Erziehung hat und die Signale des Kindes zuverlässig umsetzt.

01

DER LABRADOR
— als Bürohund

Im Büro muss sich Samson möglichst ruhig verhalten. Er darf weder unaufgefordert Besucher begrüßen noch Arbeitskollegen stören.

*E*in fester Liegeplatz dient Samson als Rückzugsort. Bei uns hat sich ein rutschfestes, abwaschbares und geruchsabweisendes Kunstlederbett bewährt. Im Bedarfsfall schicke ich ihn beim Besuch von Kunden auf seinen Platz, wo er sich ruhig zu verhalten hat. Dies setzt nicht nur eine solide Erziehung voraus, sondern auch eine entsprechende körperliche und geistige Auslastung in der Freizeit. Samson hat das Büro frühzeitig als normale Lebenssituation kennengelernt und klare Benimm-Regeln erhalten. Als typischer Labrador musste er z. B. lernen, dass weder das Ausräumen von Papierkörben noch das Durchsuchen fremder Handtaschen nach Fressbarem oder das penetrante Erbetteln von Brotzeitresten bei Arbeitskollegen erwünscht ist.

Hilfreich für die Eingewöhnungszeit war, dass anfangs jeder Tag einem festgelegten Schema folgte. So lernte er schnell, wann Ruhezeiten einzuhalten waren oder wann es Zeit für die verdienten und natürlich hundegerecht gestalteten Pausen war. Daneben boten und bieten auch heute noch kleine Spiel- und Streicheleinheiten oder Knabbereien eine stets willkommene Unterbrechung des Büroalltags. Auch bei guter Organisation sollte, je nach Tätigkeitsfeld, jemand aus dem Kollegenkreis im Fall unplanmäßiger Termine in der Lage sein, sich kurzfristig um den Hund zu kümmern.

Nina Fabi und Samson – fabi architekten bda, Regensburg

02

03

01 – 03 Ein guter Bürohund ersetzt nicht nur den Betriebspsychologen und den abendlichen Fitnessstudio-Besuch, er beeinflusst auch das Betriebsklima positiv und erhält im Gegenzug viel Ansprache und Abwechslung. Für den anpassungsfähigen Labrador, der es liebt, immer mit dabei und unter Menschen zu sein, eine geradezu prädestinierte Aufgabe!

04 Sollte zwischendurch Langeweile aufkommen oder ein Termin unplanmäßig länger dauern, bieten Kauknochen oder Futterspielzeuge eine gute Überbrückung.

04

Der Labrador als Spezialist für die Arbeit nach dem Schuss.

RASSETYPISCHE BESCHÄFTIGUNG

Durch ihre hohe Lernbereitschaft und Anpassungsfähigkeit meistern Labradors mit Leichtigkeit die verschiedensten Anforderungen unseres Alltags. Beides birgt aber auch die Verpflichtung, sie darüber hinaus geistig zu beschäftigen.

DER LABRADOR ALS JAGDBEGLEITER

Der Labrador wurde einst als Spezialist für die Arbeit nach dem Schuss gezüchtet. In diesem Zusammenhang ist für Jäger wissenswert, dass seine angeborene Weichmäuligkeit auch bedingt, dass er angeschossenes Wild lebend bringt. Wenngleich eine entsprechende Wild- und Raubwildschärfe nicht in allen Zuchtlinien in ausreichendem Maße vorhanden ist, eignet sich der Labrador aufgrund seiner ruhigen, konzentrierten Arbeitsweise doch vorzüglich für die in der Jagdpraxis überwiegend anfallenden Totsuchen. Während ihm Spur- und Sichtlaut in der Regel fehlen, lässt er sich vergleichsweise leicht zu einem verlässlichen Verweiser ausbilden. Aufgrund seiner guten Lenkbarkeit wird er auch als „Buschierer" geschätzt.

Da der Labrador vorrangig für Gesellschaftsjagden gezüchtet wurde, ist er ein unkomplizierter Jagdbegleiter, der durch seine Verträglichkeit gegenüber Artgenossen und Mitjägern positiv auffällt. Mannschärfe oder Schutzverhalten sind ihm fremd.

brauchshund (ein Hund für alle im Revier anfallenden Arbeiten) im Mittelpunkt stand. Für den Labrador als Spezialisten bedeutet das, dass anlässlich der hiesigen Verbandsgebrauchsprüfungen des JGHV (der Dachorganisation für das deutsche Jagdgebrauchshundewesen) nur diejenigen Anlagen abgeprüft werden, die einen sicheren Verlorenbringer auszeichnen. Dazu gehören insbesondere eine gute Nase, ein ausgeprägter Finder- und Spurwille sowie eine allgemeine Wesensfestigkeit. Die besonderen jagdlichen Talente des Labradors jedoch, wie z. B. die Markierfähigkeit und die Lenkbarkeit, werden nicht geprüft. Um die typischen jagdlichen Anlagen des Labradors auch auf Dauer erhalten, fördern und sichten zu können, entstanden deshalb unter Federführung der rassebetreuenden VDH-Zuchtvereine, dem Deutschen Retriever Club e. V. (DRC) und dem Labrador Club Deutschland e. V. (LCD), nach und nach spezielle jagdliche Leistungsprüfungen für Retriever. Ihr Prüfungsspektrum befasst sich auch mit den retriever-typischen Anlagen. Grundvoraussetzung für Teilnahme an Prüfungen der Rassezuchtvereine ist das Vorliegen einer VDH- bzw. FCI-anerkannten Ahnentafel sowie die Mitgliedschaft des Eigentümers in einem JGHV-angeschlossenen Verein. Gleiches gilt im Übrigen auch für die Teilnahme an Prüfungen bzw. den Erwerb von Leistungsabzeichen des JGHV.

JAGDLICHE PRÜFUNGEN IN DEUTSCHLAND

Während in einigen kontinental-europäischen Ländern wie Dänemark, Schweden, Belgien, Italien, Frankreich, Österreich und Ungarn in der Jagdsaison immer noch Field Trials (siehe S. 12) nach englischem Vorbild abgehalten werden, unterscheidet sich das traditionelle Jagdhundewesen in Deutschland erheblich davon. Dies liegt vor allem daran, dass hierzulande seit jeher der sog. Vollge-

Das gelassene Verhalten auf dem Stand unterscheidet den Labrador von vielen anderen Jagdgebrauchshunderassen.

Seine ruhige, konzentrierte Arbeitsweise bewährt sich auch auf der Schweißfährte.

Durch Aufrauen des Bodens und Auslegen kleinerer Stücke des Schleppgutes wird der Schleppen-anfangspunkt markiert und interessant gemacht.

JAGDLICHES INTERESSE WECKEN

DIE WELPEN-FUTTERSCHLEPPE

Eine Schleppe ist eine Spur, die der Hund verfolgen soll. Der wichtigste Grundsatz dabei ist: Der Weg ist das Ziel! Die Belohnung am Ende sollte deshalb immer nur noch das Tüpfelchen auf dem i sein. Aus diesem Grund muss die Spur stets so reizvoll und interessant wie möglich gestaltet werden. Bereits zu Beginn der Spurarbeit soll der Welpe verknüpfen, dass es sich lohnt, sich „buchstabierend" auf einer Spur vorwärtszuarbeiten.

Das Legen der Schleppe

Zum Schleppenlegen eignen sich sowohl ein Stück Pansen oder Reh-Lunge, das an einer Schnur gezogen wird, als auch kleine Käse- oder Wurstwürfel. Zu Beginn markiert der Schleppenleger den Anfangspunkt, indem er mit dem Schuh den Boden aufraut, das Schleppgut darin wälzt und kleine Stücke darin auslegt. Während mit dem gezogenen Pansen bzw. der Lunge sowohl eine durchgehende als auch durch zeitweiliges Anheben eine teilweise unterbrochene Spur hergestellt werden kann, können Käse-oder Wurst-

würfel in den Zwischenabständen ebenfalls immer wieder einmal am Boden gerieben werden, um einen engeren Witterungsverlauf zu erhalten. Die auf der Spur ausgelegten Happen (sog. Verweiserbrocken) bestätigen und motivieren den Welpen, ihr weiter eng zu folgen. Jede Schleppe sollte möglichst in einem neuen, altersgerecht schwieriger werdenden Gelände gelegt werden.

Die Arbeit des Welpen auf der Schleppe

Sobald der Welpe körperlich in der Lage ist, sich gut im Gelände zu bewegen, kann mit dem Legen von Futterschleppen begonnen werden. Um das „Buchstabieren" (langsames Ausarbeiten der Spur mit tiefer Nase) zu fördern, sollte der Schwierigkeitsgrad der Spur immer so anspruchsvoll gewählt werden, dass sie vom Welpen (evtl. auch mit Unterstützung des Hundeführers) gerade noch zu bewältigen ist. Zu einfache Spuren verleiten ebenso zu einem unkonzentrierten Suchverhalten wie zu schwere. Keinesfalls sollte die Futterschleppe im Welpenalter jedoch in ein ernsthaftes Training ausarten! Aus diesem Grund sollte der Welpe auch weder am Riemen geführt noch korrigiert oder gar zurückgehalten werden, sondern sich frei bewegen dürfen.

„Verweiser-Happen" werden zur Motivation ausgelegt, anfangs in kurzen, später in größeren Abständen.

Das Ende der Schleppe kann mit Futter oder einem Rehlauf bzw. einem Stück Rehdecke markiert werden.

Animieren Sie Ihren Welpen den Anfangspunkt (sog. Anschuss) gründlich zu untersuchen. Loben Sie ihn, wenn er selbstständig nach den darin ausgelegten Happen sucht.

Sobald er verknüpft hat, dass sich das Verfolgen der Spur lohnt, können Sie den Spurverlauf langsam erschweren.

Auch wenn „der Weg das Ziel ist", freuen Sie sich gemeinsam mit Ihrem Welpen über seinen Erfolg!

ÜBUNGSPLAN WELPEN-FUTTERSCHLEPPE

	AB WELCHEM ALTER?	WIE?	WO?	WIE LANGE?	LERNZIELE
01	8 bis 12 Wochen: Schleppe für Einsteiger	Anfangs ein Stück Pansen bzw. Reh-Lunge ohne Kurven und Haken ziehen. Alternativ: Käse- oder Wurstwürfel auslegen	Glatter Waldboden	Beginnend mit ca. 10 m Länge	Interesse an der Spurarbeit wecken, Fördern des Nasengebrauchs
02	12 bis 16 Wochen: Leicht erhöhter Schwierigkeitsgrad	Länge und Spurverlauf durch Kurven und Haken zunehmend variieren, durch ausgelegte Verweiserbrocken zum langsamen Arbeiten animieren	Zunehmend altersgerecht schwieriger werdendes Gelände (kleine Hindernisse, liegende Äste, kreuzende Wege, wechselnde Bewuchsarten)	Länge in Abhängigkeit der Schwierigkeit der Spur langsam steigern	Folgen der Spur mit tiefer Nase, langsames, buchstabierendes Ausarbeiten der Spur

DAS KENNENLERNEN UNTERSCHIEDLICHER WILDARTEN

Da Hunde in ihrem Riechzentrum sog. „Duft-Datenbanken" aufbauen, sollte der jagdlich geführte Labrador-Welpe schon früh Gelegenheit bekommen, verschiedene Wildarten kennenzulernen. Im Vordergrund steht dabei ausschließlich der positive Erstkontakt mit der spezifischen Witterung, nicht jedoch die Notwendigkeit zu apportieren. Beginnt Ihr Welpe an dem Stück zu rupfen, nehmen Sie ihn hoch und stecken Sie das Wild weg – Ziel erreicht! Zeigt er sich hingegen uninteressiert, sollten Sie spielerisch versuchen, sein Jagdverhalten zu wecken, indem Sie die Beute z. B. in Bewegung versetzen. Gezieltes Arbeiten mit Wild sollte erst dann beginnen, wenn Ihr Hund bereits gut im Gehorsam steht und Dummys sicher und zuverlässig apportiert.

DIE GEWÖHNUNG AN
DEN SCHUSS

Um eine möglichst positive Verknüpfung mit dem Schussgeräusch zu erreichen, sollten Junghunde langsam und mit äußerster Umsicht an die neue Situation herangeführt werden. Deshalb ist es sinnvoll, die ersten Schüsse nur mit einem 6-mm-Schreckschuss-Revolver und aus größerer Distanz (150–200 m) abzugeben.

In jedem Fall sind dabei sowohl die Windrichtung als auch die Geländegegebenheiten zu beachten, da beide Faktoren den Schussknall verstärken können. Idealerweise befindet sich der Hund im Freilauf oder im ausgelassenen Spiel. Reagiert er gelassen, kann er durch Weiterspielen und Futter bestätigt werden. Die Schussdistanz kann in der Folgezeit Stück für Stück verkürzt und die Gewöhnungssituation zunehmend durch verschiedene Apportierspiele variiert werden.

Bei geringsten Anzeichen einer Empfindlichkeit muss die Übungssituation so umgestaltet werden, dass jegliches Unbehagen durch eine gezielte Gewöhnung (Habituation) abgebaut wird. Dazu bieten sich vor allem Ablenkungssituationen an, in denen das Jagd-, Spiel- oder Fressverhalten des Labradors gezielt genutzt wird, um die Reaktion auf den Schuss positiv zu „überspielen". Doch Lernen über Gewöhnung erfordert viel Geduld und einen umsichtigen Trainingsaufbau! Beginnen Sie mit sehr großen Entfernungen und gehen Sie nur dann einen Trainingsschritt weiter, wenn Ihr Hund die aktuelle Situation mehrfach problemlos gemeistert hat.

Achten Sie bei Anzeichen einer Schussempfindlichkeit auch insbesondere auf Ihre eigene Reaktion auf das Schussgeräusch hin. Erschrecken Sie selbst jedes Mal, dann beeinflusst dies auch das Verhalten Ihres Welpen!

KLEINER WAFFENSCHEIN

In Deutschland wird auch für das Führen eines Schreckschuss-Revolvers ein sog. kleiner Waffenschein benötigt!

Beim Kennenlernen der unterschiedlichen Wildarten im Welpenalter steht der positive Erstkontakt mit der spezifischen Witterung im Vordergrund.

Englische ACME-Pfeifen aus Kunststoff sind in vielen Farben und in genormten Ton-lagen (210 ½, 211 ½ und 212) erhältlich. Mit einem Pfeifenband sind sie jederzeit griff-bereit.

DER LABRADOR IN DER DUMMY-ARBEIT

Die Dummy-Arbeit entstand Mitte des 20. Jahrhunderts in England. Da sich nahezu alle jagdlichen Apportiersituationen mithilfe von Dummys (schwimmfähige Apportierattrappen) nachstellen lassen, fand sie schnell großen Anklang. Gerade für Nichtjäger bietet sie eine optimale Möglichkeit zur rassegerechten Beschäftigung. Doch auch für jagdlich geführte Labradors eignet sich nichts besser für das Heranführen eines Junghundes an die Apportierarbeit bzw. für die Erhaltung des Leistungsstandes eines ausgebildeten Hundes außerhalb der Jagdsaison. Mittlerweile erfreut sich die Dummy-Arbeit als Hundesportdisziplin größter Beliebtheit.

TRAININGSUTENSILIEN
Moxonleine
Die in der Dummy-Arbeit gebräuchlichste Leine ist die „Moxonleine". Da Halsband und Leine aus einem Stück sind, lässt sie sich während des Arbeitens gut in der Jackentasche verstauen.
Wichtig: Eine Moxonleine sollte frühestens ab dem 6. Lebensmonat verwendet werden.

Wählen Sie immer ein Modell mit einer Zugbegrenzung und einem Stopp! Achten Sie immer darauf, die Moxonleine richtig anzulegen! Nach dem Zusammenziehen muss sie sich unter nachlassendem Zug sofort wieder von selbst öffnen!

Pfeife & Pfeifenband
Zu empfehlen sind englische ACME-Pfeifen aus Kunststoff. Sie sind in vielen Farben erhältlich und zeichnen sich durch ihre genormten Tonlagen (210 ½, 211 ½ und 212) und ihre Wetterbeständigkeit aus.

Dummys
Als Grundausstattung bietet sich ein Starter-Set aus 10 grünen Standard-Dummys (500g) und 3 bis 4 orangenen Suchen-Dummys (80g) an. Je nach Einstiegsalter und Trainingsschwerpunkt kann das Set beliebig erweitert werden. Verwenden Sie für das Training möglichst Dummys unterschiedlicher Fabrikate, damit Ihr Hund alle Arten von Dummys kennenlernen kann. Hunde sehen Farben anders als Menschen. Aus diesem Grund bieten sich gerade die vom Hund grau wahrgenommenen, orangefarbenen Suchen-Dummys an, die sich im Notfall leicht wiederfinden lassen.

Dummys gibt es mittlerweile in vielen Größen und Farben. Das Standard-Dummy ist grün, wiegt 500g und ist schwimmfähig.

Nur Moxonleinen mit Zugbegrenzung, die ein vollständiges Zusammenziehen verhindern, sind tierschutzkonform!

Achten Sie immer darauf, die Moxonleine richtig anzulegen! Das Ende mit der Öse muss unten am Hals von Ihnen wegführen, das Stück mit der Zugbegrenzung oben am Hals auf Sie zulaufen. Nur so öffnet sich die Halsschlaufe bei nachlassendem Zug wieder selbstständig.

☞ **DIE HÄUFIGSTEN IN DER DUMMY-ARBEIT ÜBLICHEN SIGNALE**

AKTION	VERBALES SIGNAL (DT.)	VERBALES SIGNAL (ENGL.)	PFEIFSIGNAL	HANDZEICHEN
Apportieren	Apport	Fetch it		
Stoppen = Sitz-Pfiff			Langer Einzelpfiff	Nach oben ausgestreckter Arm mit zum Hund zeigender Handfläche
Gerade voranschicken	Voran	Get on		Ausgestreckter, auf den Zielpunkt zeigender Arm mit aufrecht stehender Handfläche
Über den Kopf zurückschicken	Zurück	Back		Der senkrecht nach oben gestreckte Arm wird im Ellbogen abgeknickt und zeitgleich mit dem verbalen Signal mit einer schnellen Bewegung wieder nach oben gedrückt.
Rechts- oder Linksschicken	Rüber	Out		Waagrecht nach rechts oder links ausgestreckter, in Richtung des Dummys zeigender Arm
Kleine Suche	Such, such	There Steady	Kurze, schnell aufeinanderfolgende Sequenz von Einzelpfiffen	Die in Oberschenkelhöhe nach unten gedrehte Handfläche deutet in die Richtung, in die der Hund suchen soll.
Freie Verlorensuche	Such verloren	Hi lost		
Hindernis überspringen	Hopp, Sprung	Get over		
Sich schütteln	Schüttle dich			Die zum Hund gedrehte Handfläche fährt mit schnellen „Wischbewegungen" hin und her.

Dummys mit Wurfband lassen sich mit wenig Kraftaufwand und etwas Übung wesentlich weiter werfen als Dummys mit Wurfgriff.

Dummytasche oder -weste

Ein äußerst wichtiges Trainingsutensil ist eine ausreichend große Dummy-Tasche oder bequem zu tragende Trainingsweste, in der Sie während des Trainings Ihre Dummys verstauen können. Werfen Sie ein zurückgebrachtes Dummy nie achtlos auf den Boden, sondern verstauen Sie es immer in einer Tasche bzw. Weste. Bei Rückenproblemen ist aufgrund der gleichmäßigeren Gewichtsbelastung eine Trainingsweste zu empfehlen.

6-mm-Revolver

Damit Sie mit Schuss trainieren können, bietet sich ein 6-mm-Schreckschussrevolver an, dessen Munition nicht nur billiger, sondern auch leiser als die eines 9-mm-Kaliber-Modells ist. Denken Sie unbedingt daran, dass Sie zum Führen einer Schreckschusswaffe nicht nur einen „Kleinen Waffenschein" benötigen, sondern auch eine Erlaubnis des Jagdpächters.

Eine Dummyweste oder -tasche ist ideal, um die Dummys während des Trainings zu verstauen. Beide sollten im Staubereich wasserdicht sein, damit Sie auch nasse Dummys hineinstecken können.

ELEMENTE DES DUMMY-TRAININGS

STANDRUHE

Die Anforderungen an die Standruhe (engl. steadiness) wurzeln im ursprünglichen Verwendungszweck des Labradors. Er darf während der Jagd weder Winseln noch Bellen, sich unruhig hin- und herbewegen oder gar ohne Kommando seinen Platz verlassen (= Einspringen). Derartige Verhaltensweisen sind störend und führen deshalb zum sofortigen Ausschluss aus jeder Prüfung.

FREIFOLGE

Ziel ist der ruhige Begleiter, der ohne die Aufmerksamkeit des Hundeführers zu beanspruchen, zuverlässig an dessen Seite bleibt. Es ist nicht notwendig, dass er an Ihrem Bein „klebt". Er sollte vielmehr in der Lage sein, aus seiner Position heraus das Geschehen zu verfolgen, um gut markieren und auf Ihr Signal hin schnell und effektiv apportieren zu können.

APPORTIEREN

Das Apportieren umfasst vier Elemente, die einzeln trainiert werden können: Das schnelle Losgehen, das rasche Aufnehmen, das direkte Zurückkommen und das saubere Abgeben in die Hand des Hundeführers. Wichtig ist, das Training stets auf das Temperament des Hundes abzustimmen.

STOPPEN

Der „Stopp- oder Sitz-Pfiff" ist die Basisvoraussetzung für das retrievertypische Einweisen. Er besitzt die Qualität eines „Pass-auf"-Signals und sollte mit größter Sorgfalt und Konsequenz aufgebaut werden. Ziel ist, dass Ihr Hund sich auf jede Entfernung und unter jeglicher Ablenkung abstoppen lässt.

MARKIEREN

Eine Markierung ist ein geworfenes Dummy, dessen Flugbahn der Hund ganz oder teil-

Wasserapport

weise beobachten kann. Das Markieren beinhaltet sowohl das Beobachten der Flugbahn eines oder mehrerer sichtig geworfener Dummys als auch das Merken der Fallstellen.

EINWEISEN

Bei der speziellen „Retriever-Disziplin" des Einweisens lenkt der Hundeführer seinen Hund mithilfe von Stimme, Pfeifsignalen und Handzeichen zu einem Dummy, das für den Hund nicht sichtig ausgelegt wurde.

KLEINE SUCHE/ FREI-VERLORENSUCHE

Bei der Kleinen Suche soll der Hund mit tiefer Nase ein sehr kleines Gebiet in seiner unmittelbaren Umgebung intensiv absuchen. Bei der Frei-Verlorensuche soll er hingegen mit hoher Nase und unter Ausnutzen des Windes einen großen Bereich systematisch absuchen.

WASSERARBEIT

Eine gute Wasserarbeit zeichnet sich durch eine verlässliche Standruhe, die freudige, unverzügliche Wasserannahme, einen ruhigen und doch zügigen Schwimmstil sowie das schnelle Zurückkommen und – ohne vorheriges Schütteln – in die Hand apportieren aus.

Steadiness mit Ablenkungswurf

Markierung

Körperhaltung beim Einweisen

Abgabe

Freifolge

Kleine Suche

SPEZIAL-DISZIPLINEN DES RETRIEVERS

DAS MARKIEREN

Die Markierfähigkeit ist eine der „Spezial-Disziplinen" des Retrievers, weshalb ihr auf Prüfungen auch besonderer Wert beigemessen wird. Markieren heißt für den Hund: Fallstelle merken – auf möglichst direktem Weg dorthin gehen – den Bereich eng absuchen – das Dummy finden – im gleichen Tempo und auf direktem Weg mit dem Dummy zurückkommen. Gute Markierfähigkeit zeichnet sich vor allem durch ihre Effektivität aus, denn durch sie erübrigt sich sowohl eine aufwändige Suche als auch die damit verbundene, und aus jagdlicher Sicht unbedingt zu vermeidende, unnötige Beunruhigung des Geländes. Zum Markieren gehört jedoch nicht nur das Merken der Richtung der Fallstelle bzw. der Fallstelle selbst, sondern auch die Fähigkeit, Entfernungen einschätzen zu können. Beide Fähigkeiten sind beim Labrador weitestgehend angeboren, können aber durch systematisches Training weiter entwickelt und gefördert werden.

Der Wurf des Dummys erfolgt bei Markierungen stets durch einen Helfer und wird i. Allg. mit einem Schuss kombiniert, der die Aufmerksamkeit des Hundes erregen soll. Je nach Ausbildungstand bzw. Prüfungsniveau können sowohl Einzel- als auch Doppel- bzw. Mehrfachmarkierungen gearbeitet werden. Als „direkte Markierung" wird jede Markierung bezeichnet, auf die der Hund unverzüglich geschickt wird. Als „Memory Mark" wird hingegen eine Markierung bezeichnet, die entweder zeitlich verzögert oder von einem anderen Standort aus gearbeitet wird als dem, von dem der Hund die Flugbahn und die Fallstelle beobachten konnte.

Eine Doppelmarkierung, bei der nacheinander zwei Dummys geworfen und später in der vom Hundeführer vorgegebenen Reihenfolge apportiert werden, stellt insoweit eine Kombination aus beidem dar.

01

02

DAS EINWEISEN

Das Einweisen ist ein sehr komplexes Thema, das sich aus verschiedenen Lernschritten zusammensetzt, die alle einzeln aufgebaut und trainiert werden müssen.

Ziel ist, den Hund mithilfe von Stimme, Pfeif-Signalen und Handzeichen auf möglichst direktem Weg zu einem Dummy zu schicken, das für ihn nicht sichtig ausgelegt wurde (engl. blind). Im Bereich des Dummys angekommen, soll er auf ein entsprechendes Signal hin mit einer engen, selbstständigen Suche beginnen. Während sich Ihr Labrador beim Einweisen als gut lenkbar und gehorsam erweisen sollte, muss er nun beweisen, dass er auch in der Lage ist, umzuschalten und selbstständig zu arbeiten.

Voraussetzung für ein erfolgreiches Einweise-Training ist sowohl die Bereitschaft und das Vertrauen zur Zusammenarbeit mit dem Hundeführer als auch ein klar strukturierter Aufbau. In keinem anderen „Retriever-Fach" sind die Qualitäten des Hundeführers mehr gefragt! Denn nur über eine optimale Kommunikation, klare Signale, korrekt ausgeführte Handzeichen, eine eindeutige Körperhaltung und das richtige Timing ist Ihr Hund in der Lage zu verstehen, was Sie von ihm wollen.

03

04

05

01 Die Elemente des Einweisens lassen sich am Einfachsten mithilfe von an markanten Punkten (z. B. Fähnchen oder solitär stehenden Bäumen) ausgelegten Memorys trainieren.

02 Über den Kopf zurückschicken

03 Linksschicken aus Sicht des Hundeführers

04 Rechtsschicken aus Sicht des Hundeführers

05 Voranschicken

Solche spektakulären Sprünge bergen Verletzungsgefahren! Suchen Sie deshalb entweder den Uferbereich vorher gründlich ab oder lassen Sie Ihren Labrador nur an bekannten ungefährlichen Stellen ins Wasser.

DIE KLEINE SUCHE

Die kleine Suche ist immer dann erforderlich, wenn Sie Ihren Hund in den Fallbereich eines für ihn nicht sichtig gefallenen oder ausgelegten Dummys (engl. blind) eingewiesen haben und ihn dort zur selbstständigen Suche auffordern wollen. Wichtig für die richtige Verknüpfung ist, dass Ihr Such-Signal erst dann erfolgt, wenn sich der Hund tatsächlich in unmittelbarer Nähe des Dummys befindet. Sobald er das Signal hört, soll er die Nase herunternehmen und buchstäblich jeden Grashalm umdrehen bis er zum Erfolg kommt. Das Such-Signal kann bereits im Welpen-Alter spielerisch mithilfe einiger, ausgestreuter Leckerchen geübt werden. Verwenden Sie dabei von Anfang an das entsprechende verbale oder Pfeif-Signal sowie das Handzeichen. Später leisten einige auf kleiner Fläche nicht sichtig im höheren Bewuchs verborgene Tennisbälle oder kleine Suchen-Dummys (80g), gute Dienste beim weiteren Aufbau. Sucht Ihr Hund zu weit, sollten Sie ihn nicht über

ein Komm-Signal in den Bereich zurückrufen, sondern ihn je nach Typ entweder verbal locken oder ihn selbst die Erfahrung machen lassen, dass er nur in dem zugewiesenen Gebiet zum Erfolg kommt.

DIE WASSERARBEIT

Da der Labrador i. Allg. überaus wasserbegeistert ist, birgt die Wasserarbeit einige Herausforderungen. Angefangen bei der Unruhe am Stand über das Einspringen (= ohne Signal den Platz an Ihrer Seite verlassen) bis hin zum Rändern am Ufer oder Schütteln bzw. Fallenlassen des Dummys sind viele Fehlerquellen denkbar. Aus diesem Grund sollten Sie Ihr Vorgehen genau planen und dem Temperament Ihres Labradors anpassen.
Ein triebstarker, sehr wasserfreudiger Hund sollte zunächst lernen, dass die Anwesenheit von Wasser nicht zwingend bedeutet, dass auch im Wasser gearbeitet wird. Um seine Erwartungshaltung so niedrig wie möglich zu halten, sollten Sie immer erst einige Unter-

Es bietet sich an, das Schütteln nach der Dummy-Abgabe mit einem verbalen Signal (z. B. „Schüttle dich") sowie einem Handzeichen zu belegen.

Um ein schnelles Zurückkommen ohne Schütteln zu fördern, können Sie sich, sobald der Hund das Ufer erreicht, auch schnell vom Ufer entfernen.

ordnungsübungen in Wassernähe machen und ihn anschließend zuerst ein paar „Landapporte" arbeiten lassen. Zögert Ihr Labrador hingegen beim Wassereinstieg und tendiert zum Rändern (= Auf- und Ablaufen) am Ufer, sollten Sie mit ihm zum Uferrand gehen und ihn konsequent ermuntern, das Wasser direkt an der entsprechenden Stelle anzunehmen.

Ein verbreitetes Problem bei der Wasserarbeit ist das Schütteln bzw. Ablegen des Dummys. In vier einfachen Schritten können Ihrem Hund vermitteln, was Sie von ihm erwarten: Nehmen Sie ihm anfangs das Dummy im Wasser stehend ab und bestätigen Sie sein In-die-Hand-Apportieren. Sollte er versuchen sich im Wasser stehend zu schütteln, stellen Sie sich noch ein wenig tiefer hinein. Gehen Sie anschließend mit ihm zusammen ans Ufer zurück und animieren ihn dort zum Schütteln bzw. bestätigen ihn, wenn er es von sich aus tut. Es bietet sich an, das Schütteln mit einem verbalen Signal und einem Handzeichen

STANDRUHE UND MARKIERUNGEN

Das Arbeiten von zu vielen direkten Markierungen wirkt sich schnell negativ auf die Standruhe Ihres Hundes aus! Demgegenüber fördert das „Memory Mark" nicht nur die Gedächtnisleistung, sondern hilft auch, die Erwartungshaltung Ihres Hundes niedrig zu halten, was sich wiederum positiv auf die Standruhe auswirkt.

zu belegen. Nach dem Schütteln, setzen Sie ihn mit dem Dummy im Fang ab, entfernen sich ein Stück und rufen ihn zu sich. Nachdem Sie ihm das Dummy abgenommen haben, animieren Sie ihn erneut zum Schütteln. Hat er das Signal zum „kontrollierten" Schütteln gut verknüpft, können Sie ihm das Dummy in einem nächsten Schritt zunächst am Uferrand abnehmen, bevor Sie die Entfernung zum Ufer Stück für Stück ausbauen.

WICHTIGE PRÜFUNGS-ARTEN MIT DUMMYS

DUMMY-PRÜFUNGEN

Bei Dummy-Prüfungen sind die Aufgaben aller drei Leistungsklassen (Anfänger-, Fortgeschrittenen- und Offene Klasse) genau definiert. Die Arbeitsentfernungen entsprechen unter Berücksichtigung des Geländes und den Witterungsverhältnissen dem jeweilig anzustrebenden Ausbildungsstand jeder Klasse. Mit dem Bestehen einer Dummy-Prüfung beweist ein Hund-Führer-Gespann, dass es die Mindestanforderungen der jeweiligen Leistungsklasse beherrscht.

WORKING TESTS

Bei Working Tests werden möglichst jagdähnliche Situationen mithilfe von Dummys nachgestellt. Im Unterschied zu Dummy-Prüfungen sind die einzelnen Aufgaben nicht in einer Prüfungsordnung festgelegt, sondern werden vor Beginn der Prüfung von den Richtern erarbeitet. Die Aufgaben setzen sich aus den typischen Arbeitselementen zusammen und sind frei gestaltbar bzw. kombinierbar. Auch bei Working Tests wird in der Regel in drei Leistungsklassen gestartet, wobei sich der Schwierigkeitsgrad i. Allg. an den Erfordernissen der jeweiligen Leistungsklasse der Dummy-Prüfungen orientiert.

MOCK TRIALS

Bei einem Mock oder Dummy Trial wird die jagdliche Situation während eines Field Trials mithilfe von Dummys so authentisch wie möglich nachempfunden. Im Unterschied zu Working Tests werden nicht nur Einzelsituationen, sondern der Gesamtablauf einer Jagd nachgestellt. Obwohl ausschließlich Dummys verwendet werden, werden alle anderen Umstände, wie die Organisation des Ablaufs und die Bewertungen, wie bei einem Field Trial gehandhabt.

Richter und Teilnehmerin an einem internationalen Working Test.

HUNDESPORTARTEN FÜR DEN LABRADOR

Das boomende Hundeausbildungswesen hält viele Alternativen bereit, die von „Spiel & Spaß mit dem Hund" bis hin zu sportlich ambitionierten Beschäftigungsmöglichkeiten reichen, sodass für jedes Talent und jeden Geschmack etwas Passendes gefunden werden kann.

Die Frage, welcher Hundesport sich für Sie und Ihren Labrador eignet, hängt nicht nur von Ihrem Engagement, sondern auch ganz entscheidend vom Gesundheitszustand, der Körperlichkeit und der Kondition Ihres Hundes ab.

FÄHRTENHUNDEARBEIT

Was wird gefordert: Das Verfolgen einer Menschenfährte ist eine anspruchsvolle Herausforderung. Die einzelnen Leistungsstufen unterscheiden sich bezüglich Länge, Liegezeit, Verlauf, Gelände und Intensität der Ablenkungsreize. Zusätzlich müssen vom Fährtenleger auf der Strecke deponierte Gegenstände gefunden und verwiesen werden.
Voraussetzungen: Begleithundeprüfung – Verhaltenstest/Sachkundenachweis.
Weiterführende Infos: www.vdh.de/hundesport/faehrtenhundpruefung

K9-SPORTTRAILING

Was wird gefordert: Trailen bezeichnet die Suche nach dem Individualgeruch eines Menschen. Beim Sport-Trailing handelt es sich um eine Hundesportart mit eigenem Prüfungssystem und Meisterschaften. Es wird dabei in drei Sparten gesucht: im Stadtgebiet, in der freien Natur und in Gebäuden (engl. street, cross and indoor). Die Leistungsklassen unterscheiden sich nach Liegezeit, Verlauf und Intensität der Ablenkungsreize.

Voraussetzungen: Erfolgreiches Absolvieren der K9-Grundstufe (Weiß bis Grün); Bereitschaft sich auf die Fähigkeiten des Hundes einzulassen und ihm die „Führung" zu überlassen.
Weiterführende Infos: www.suchhundezentrum.de

ZIEL-OBJEKT-SUCHE (ZOS) NACH BAUMANN

Was wird gefordert: Systematische, anspruchsvolle Suche nach bestimmten, vom Menschen ausgelegten, kleinen Objekten, die gefunden und angezeigt werden müssen. Auf Wettkampfebene werden vier Leistungsklassen unterschieden.
Voraussetzungen: Grundgehorsam, Freude an der Nasenarbeit.
Weiterführende Infos: www.zos-zielobjektsuche.de

OBEDIENCE

Was wird gefordert: Die „Hohe Schule der Unterordnung" beruht auf dem perfekten Zusammenspiel zwischen Mensch und Hund ohne psychischen oder physischen Druck. Im Mittelpunkt steht die harmonische, schnelle und exakte Ausführung. Es gibt keinen festgelegten Parcours für die verschiedenen Leistungsklassen. Der Ablauf richtet sich nach den Anweisungen des Ringstewards. Zu den bekannten Gehorsamsübungen der

Eine gute Sprungtechnik und ...

... das richtige Abschätzen von Höhen und Distanzen sind Präzisionsarbe

Begleithundeprüfung kommen weitere Elemente hinzu.

Voraussetzungen: Begleithundeprüfung – Verhaltenstest/Sachkundenachweis; Spaß an exaktem, geduldigem Training.

Weiterführende Infos: www.obedience.de

AGILITY

Was wird gefordert: Das Mensch-Hund-Team meistert auf einer Streckenlänge von 100 bis 200 m einen aus bis zu 20 verschiedenen Hindernissen bestehenden Parcours möglichst schnell und fehlerfrei. Der Hund wird dabei nur durch Handzeichen und Stimme gelenkt. Agility fördert nicht nur Kondition und Konzentration Ihres Hundes, sondern auch Bindung und Vertrauen zwischen Mensch und Hund.

Voraussetzungen: Begleithundeprüfung – Verhaltenstest/Sachkundenachweis; Vereinsmitgliedschaft; Agilität (angepasste Statur und vernünftiges Gewicht), gute Kondition.

Weiterführende Infos: www.agility.de

MOBILITY

Was wird gefordert: Im Gegensatz zum Agility steht weniger die Geschwindigkeit, sondern die korrekte Ausführung der Übungen im Vordergrund. Das Schweizer Mobility-Reglement umfasst 18 Übungen. Die Hindernisse des Geschicklichkeitsparcours sind detailliert festgelegt.

Voraussetzungen: Grundgehorsam; Guter Gesundheitszustand.

DOG DANCE

Was wird gefordert: Beim Dog Dance vereinen sich Elemente des Obedience mit speziell eingeübten Kunststücken zu einer genau auf die musikalische Untermalung abgestimmten Choreografie. Die Tanzfiguren werden sowohl miteinander als auch auf Distanz ausgeübt, wobei der Hund nur durch kleinste Körpersignale und leise verbale Kommandos gelenkt wird.

Voraussetzungen: Grundgehorsam; Harmonie zwischen Hund und Mensch.

Weiterführende Infos: www.dogdance.info

DER LABRADOR – EIN MULTITALENT

Die wichtigsten Gründe für die Erfolgsgeschichte des Labradors sind neben seinem Erscheinungsbild und seinem freundlichen Wesen vor allem seine Anpassungsfähigkeit, Intelligenz und Lernbereitschaft.

DROGENSPÜRHUND

Aufgrund seines ausgeglichenen Wesens und seiner hervorragenden Nase findet der Labrador immer mehr Beachtung in Zoll-, Militär- und Polizeihundebereichen, in denen eine Schutzhundeausbildung nicht erforderlich ist (wie z. B. als Spürhund für Rauschgift, Sprengstoff, Waffen, Munition, Tabak oder Bargeld).

RETTUNGSHUND

Die überdurchschnittliche Bewegungs- und Suchfreude, die hohe Umweltsicherheit, die Intensität in der Verfolgung von Zielen und die hohe Bereitschaft zur Zusammenarbeit machen den Labrador zu einem optimalen Partner in einem Rettungshundeteam. Nach Bestehen eines Eignungstests beginnt die Grundausbildung, in deren Mittelpunkt die Sucharbeit, die Geländegängigkeit und der Gehorsam stehen. Die Hauptprüfungen zur Einsatzfähigkeit unterscheiden verschiedene Sparten: Flächen-, Trümmer- und Lawinensuche sowie das Mantrailing.

ASSISTENZHUND

Der Labrador ist in vielen Bereichen, in denen die Fähigkeiten des Menschen aus medizinischen Gründen begrenzt sind, als Helfer nicht mehr wegzudenken. Als Blindenführ-, Assistenz- und Signal- bzw. Anzeigehund genießt er weltweit Ansehen. Dies beruht in erster Linie auf seinem freundlichen, in sich ruhenden Wesen, seiner Leichtführigkeit, Intelligenz, Arbeitsfreude und Unterordnungsbereitschaft. Seine Anpassungsfähigkeit vereinfacht den Wechsel vom Trainer zum Führer. Eine intensive Ausbildung bereitet ihn gezielt auf seine speziellen Aufgaben vor.

THERAPIEHUND

Der Therapiehund steht seinem Besitzer im Sinne eines „Co-Therapeuten" zur Seite. Ziel ist, mithilfe des unvoreingenommenen Hundes Zugang zum Patienten zu bekommen. Im Unterschied zu den anderen Rehabilitationsbereichen absolviert der Therapiehund die Grundausbildung deshalb zusammen mit seinem Besitzer, dem angehenden Therapiehundeführer. Neben einem freundlichen, ausgeglichenen und sicheren Wesen, sollte ein Therapiehund eine in allen Lebenslagen hohe Toleranz- und Reizschwelle aufweisen.

SCHULBESUCHSHUND

Schulhunde können Pädagogen sinnvoll und effektiv unterstützen. Ihre Anwesenheit fördert die Entwicklung sozialer und emotionaler Kompetenzen, steigert die Kommunikationsfähigkeit und beeinflusst als „sozialer Katalysator" die Integration. Aufgrund seines belastbaren, aggressionsfreien und menschenorientierten Wesens eignet sich der Labrador sehr gut für diese anspruchsvolle Aufgabe. Bisher gibt es in Deutschland noch keine anerkannte einheitliche Ausbildung von Schulhunden bzw. Mensch-Hund-Teams.

als Trümmersuchhund, ...

als Assistenzhund bei der Arbeit und ...

Der Labrador als Wasserrettungshund, ...

... in der gemeinsamen Freizeit.

IM ALLTAG
— gemeinsam Spaß haben

01

02

D er Labrador ist ein bewegungs- und lernfreudiger Hund. Sein natürliches Beschäftigungsbedürfnis bedeutet allerdings nicht, dass Sie ihm täglich ein umfassendes „Animationsprogramm" bieten müssen. Im Gegenteil! Mit wenig Aufwand lassen sich kleine Übungen, die Abwechslung bieten und ihn mental auslasten, in den Alltag integrieren.

In der Natur finden sich viele Gelegenheiten, die Geschicklichkeit Ihres Labradors zu trainieren – sei es beim Balancieren auf oder dem Überspringen von Baumstämmen, dem Springen auf Baumstümpfe oder dem Hindurchkriechen unter einer Bank. Einfache Tricks, die sich leicht mithilfe eines Leckerchens Schritt für Schritt aufbauen lassen und der ganzen Familie Spaß machen. Auch kleine Suchspiele nach „verlorenen" Alltagsgegenständen erfreuen sich (draußen und drinnen!) größter Beliebtheit. Lassen Sie Ihren Hund anfangs beim Fallenlassen oder Verstecken des Gegenstandes zusehen, bevor Sie weitergehen und ihn dann mit einem Bring- oder Such-Signal zurückschicken. Mit zunehmender Übung können Sie nicht nur den Abstand vergrößern, sondern den Gegenstand auch unbemerkt fallenlassen, ihn unter Laub verstecken oder an einen kleinen Busch hängen.

01 *Das Balancieren auf einem stabilen Holzstapel fördert nicht nur die Bindung und das Vertrauen, sondern auch die Geschicklichkeit.*

02/03 *Spaziergänge befriedigen nicht nur das Bewegungsbedürfnis des Labradors, sie bieten auch Gelegenheit für kleine Suchspiele.*

04 *Intelligenzspiele fördern die Konzentration und das Problemlösungsvermögen.*

05 *Ab einem Alter von 12–15 Monaten ist ein gesunder Labrador körperlich voll belastbar und kann langsam daran gewöhnt werden, am Fahrrad mitzulaufen.*

„Labradors wollen am liebsten immer dabei sein."

03　05

04

TIPPS FÜR ZU HAUSE

Zu Hause bieten sich neben kleinen „Hilfstätigkeiten" im Haushalt, wie beispielsweise dem Hereintragen der Einkäufe oder dem Bringen verschiedener Alltagsgegenstände, auch sogenannte Intelligenzspiele an. In verschiedenen Schwierigkeitsstufen fördern diese nicht nur die Konzentration, sondern auch das Problemlösungsvermögen. Da alle Spiele mit einem Leckerchen als Bestärker arbeiten, sind die meisten Labradors mit Feuereifer dabei und lernen schnell, wie sie durch Ziehen, Schieben, Drücken mit Fang oder Pfote an die Belohnung kommen.

Viele der Spielideen, wie z. B. das klassische „Hütchen-Spiel", lassen sich ebenso wie ein kleiner Hindernisparcours im Garten mit etwas Fantasie und Geschick selber bauen.

SERVICE
— *Wissenswertes für Hundehalter*

NÜTZLICHE ADRESSEN

FCI Generalsekretariat
Place Albert 1er, 13
B-6530 THUIN
Belgique
E-mail: info@fci.be
www.fci.be

Verband für das Deutsche Hundewesen (VDH)
Geschäftsstelle
Westfalendamm 174
44141 Dortmund
E-Mail: info@vdh.de
Internet: www.vdh.de

Deutscher Retriever Club (DRC)
Geschäftsstelle Margitta Becker-Tiggemann
Dörnhagener Str. 13
D – 34302 Guxhagen
office@drc.de
www.drc.de

Labrador Club Deutschland (LCD)
Geschäftsstelle
Overhagenweg 4
D – 48653 Coesfeld
office@lcd-labrador.de
www.labrador.de

Österreichischer Kynologenverband (ÖKV)
Siegried Markus Straße 7
A – 2362 Biedermannsdorf
E-Mail: office@oekv.at
Internet: www.oekv.at

Österreicher Retrieverclub
Geschäftsstelle
Andrea Rameseder
Traunauweg 14
A – 4030 Linz
office@retrieverclub.at
www.retrieverclub.at

Schweizerische Kynologische Gesellschaft SKG
Brunnmattstraße 24
Postfach 8276
CH – 3001 Bern
www.skg.ch

Retriever Club Schweiz
Mitgliederdienst
Marianne Rüegger
Bernstr. 33
CH – 3086 Zimmerwald
mitglieder@retriever.ch
www.retriever.ch

TASSO-Haustierzentralregister für die Bundesrepublik Deutschland e. V.
E-Mail: info@tasso.net
www.tasso.net

ZUM WEITERLESEN:

Buksch, Martin: **Kosmos Praxishandbuch Hundekrankheiten.** Kosmos

Buksch, Martin: **Ernährungsratgeber für Hunde.** Kosmos

Hoefs, Nicole, Führmann, Petra und Iris Franzke: **Das Kosmos Erziehungsprogramm für Hunde.** Kosmos

Klüver, Dania: **BARF.** Rohfütterung für Hunde. Kosmos

Möller, Anja: **Kosmos-Buch Labrador Retriever.** Kosmos

Theby, Viviane: **Das Kosmos Welpenbuch.** Kosmos

Zvolsky, Norma: **Die Kosmos Retrieverschule:** Grunderziehung und Dummytraining. Kosmos

REGISTER

BILDNACHWEIS

175 Farbfotos wurden von Anna Auerbach/Kosmos extra für dieses Buch aufgenommen. Weitere Fotos von: Tatjana Drewka (3: S. 50, 51, 137 oben links), Harald Hubert (11: S. 7, 10, 16, 19, 39o, 47unten rechts, 52, 106, 110, 132), Alina Klüglich-Hinrichs (7: S. 32, 36, 37), Anja Möller (6: S. 12, 62, 117 unten links, 122, 123 Mitte, 123 oben rechts), Vivian Venzke/Kosmos (1: S. 39u), Vita-Assitenzhunde (2: 137 unten, 137 Mitte rechts), Evelyn Vöhl (1: S. 137 oben rechts), Arlene White (1: S. 18).

Historische Fotos aus Möller, Kosmos-Labrador Retriever.

IMPRESSUM

Umschlaggestaltung von Peter Schmidt Group GmbH, Hamburg unter Verwendung von Farbfotos von Anna Auerbach/Kosmos und Illustrationen von Shutterstock/Nikiteev_Konstantin.

Mit 201 Farbfotos.

Alle Angaben in diesem Buch erfolgen nach bestem Wissen und Gewissen. Sorgfalt bei der Umsetzung ist indes dennoch geboten. Der Verlag und die Autorinnen übernehmen keinerlei Haftung für Personen-, Sach- oder Vermögensschäden, die aus der Anwendung der vorgestellten Materialien, Methoden oder Informationen entstehen könnten.

Unser gesamtes Programm finden Sie unter **kosmos.de.**
Über Neuigkeiten informieren Sie regelmäßig unsere
Newsletter, einfach anmelden unter **kosmos.de/newsletter**

Gedruckt auf chlorfrei gebleichtem Papier
© 2016, Franckh-Kosmos Verlags-GmbH & Co. KG, Stuttgart.
Alle Rechte vorbehalten
ISBN 978-3-440-14935-5
Redaktion: Ute-Kristin Schmalfuß
Gestaltungskonzept: Peter Schmidt Group GmbH, Hamburg
Gestaltung und Satz: Andrea Kunkel, Stuttgart
Produktion: Eva Schmidt
Printed in Slovakia / Imprimé en Slovaquie

FSC
www.fsc.org
MIX
Paper from
responsible sources
FSC® C084279

Rassestandard
— Labrador-Retriever

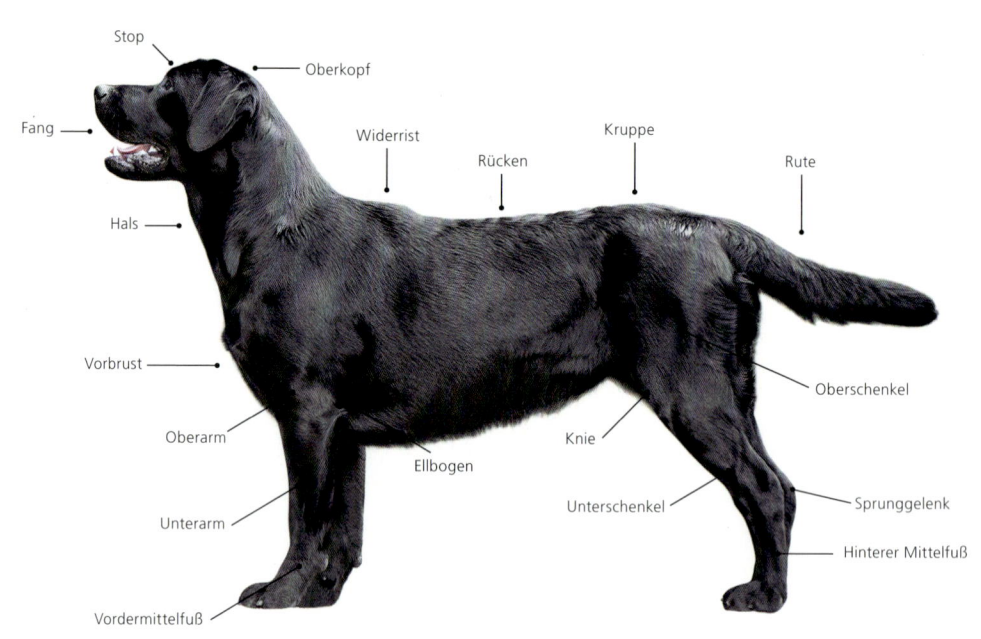

Stop
Oberkopf
Fang
Widerrist
Kruppe
Rücken
Rute
Hals
Vorbrust
Oberschenkel
Oberarm
Knie
Ellbogen
Unterschenkel
Sprunggelenk
Unterarm
Hinterer Mittelfuß
Vordermittelfuß

Kurzer geschichtlicher Abriss

Es wird allgemein angenommen, dass der Labrador Retriever von der Küste Neufundlands stammt, wo Fischer gesehen wurden, die einen ähnlich aussehenden Hund zum Apportieren der Fische benutzten. Ein vorzüglicher Wasserhund, dessen Veranlagung durch sein wasserabweisendes Haar und seine einzigartige Rute, die von otterähnlicher Form ist, betont wird.

Im Vergleich ist der Labrador keine sehr alte Rasse; sein Rasseclub wurde 1916, der Gelbe Labrador Retriever Club im Jahr 1925 gegründet. Der frühe Ruhm des Labradors stammt von den Arbeitsprüfungen, die ursprünglich im späten 18. Jahrhundert von Col. Peter Hawker und dem Earl von Malmesbury in England eingeführt wurden. Ein Hund mit dem Namen „Malmesbury Tramp" wurde von Lorna Countess Howe als einer der Begründer des modernen Labradors beschrieben.

Allgemeines Erscheinungsbild

Kräftig gebaut, kurz in der Lendenpartie, sehr rege, (was übermäßiges Gewicht oder Substanz ausschließt); breiter Oberkopf; breit und tief in Brust und Rippenkorb; breit und stark in Lende und Hinterhand.